全彩精解！

科普名家 李毓佩

讲给孩子的数学故事

勇闯数王国

李毓佩 著

U0333847

123

23

海豚出版社
DOLPHIN BOOKS
ICG 中国国际传播集团

图书在版编目（CIP）数据

勇闯数王国 / 李毓佩著 . -- 北京：海豚出版社 , 2019.4（2022.7 重印）
（科普名家李毓佩讲给孩子的数学故事）

ISBN 978-7-5110-4406-8

Ⅰ.①勇… Ⅱ.①李… Ⅲ.①数学—少儿读物 Ⅳ.① O1-49

中国版本图书馆 CIP 数据核字 (2018) 第 300085 号

勇 闯 数 王 国

出 版 人：王 磊

责任编辑：王 然　　张思雨
责任印制：于浩杰　　蔡 丽
法律顾问：殷斌律师

出　　版：海豚出版社
地　　址：北京市西城区百万庄大街 24 号　　　邮 编：100037
电　　话：010-68325006（销售）　010-68996147（总编室）
传　　真：010-68996147
印　　刷：涿州市荣升新创印刷有限公司
经　　销：新华书店及各大网络书店
开　　本：32 开（880 毫米 ×1230 毫米）
印　　张：8.5
字　　数：108 千字
版　　次：2019 年 4 月第 1 版　 2022 年 7 月第 5 次印刷
标准书号：ISBN 978-7-5110-4406-8
定　　价：29.00 元

CONTENTS

1. 一封奇怪的邀请信

丁小聪小学快毕业了，他的功课在全班是拔尖的。这不，前几天市里举行小学数学奥林匹克竞赛，丁小聪还取得了第一名。因为丁小聪不但人机灵、脑子活，而且心地善良、爱帮助同学，所以同学们都亲昵地叫他"丁当"（意思是说他就像《机器猫》中的"丁当"一样，什么问题都难不倒）。为了方便，以下我们也叫他"丁当"吧！

今天是星期日，丁当照例起得很早，锻炼完身体正准备读外语，外面邮递员喊："丁小聪，有你的信！"

丁当拆开信一看，只见上面写着：

丁当同学：

你好！

听说你在贵市的数学奥林匹克竞赛中独占鳌头。今天是星期日，我邀请你到我们弯弯绕国来做客，共同讨

论几个数学问题，万勿推辞。

　顺致

敬意

　　　　　　　　　　弯弯绕国首相　布直

附弯弯绕国地址：

　先向北走 m 千米，m 在下面一排数中，这排数是按某种规律排列的：

　　　　16、36、64、m、144、196

　然后再向东走 n 米，n 是下列数的第 100 个数，这列数也是有规律的：

　　　　1、5、9、13、17……

　"先求 m。"丁当挠着自己的脑袋，"这排数有什么规律？我怎么看不出来呀？对了，我记得老师说过，找数字规律的常用方法是把这个数字分解。"

　"首先这一排数都可以被 4 整除。对！我先用 4 来除一下。"丁当算出结果：4、9、16、$\frac{m}{4}$、36、49。

　"我要仔细观察这一排数，看看它们有什么特点。

嗯——"丁当双手一拍，"看出来啦！这里面的每一个数，都是一个自然数的自乘。看！ $4=2\times2$，$9=3\times3$，$16=4\times4$，$36=6\times6$，$49=7\times7$。"

"耶！规律找到了！"丁当高兴地说，"这一排数的排列规律是：$16=4\times2\times2$，$36=4\times3\times3$，$64=4\times4\times4$，$144=4\times6\times6$，$196=4\times7\times7$。这中间缺了什么？"

丁当看了一会儿，一跺脚："缺 $4\times5\times5$！而 $4\times5\times5=100$，m 应该等于100。哇！去弯弯绕国要先向北走100千米，够远的！"

丁当刚要算 n，忽听外面炸雷似的喊道："丁当，踢球去！"声到人到，一个帅小伙噌的一下蹦了进来。他叫李晓鹏，是丁当他们学校著名的足球队员。由于他在足球场上跑动积极、传球到位，特别是罚任意球是一绝，所以人送外号"小贝"（表示他同皇家马德里队的队员贝克汉姆一样，长得帅，球技也高）。小贝功课也还可以，只是数学比较差。小贝的妈妈反对他踢足球，说他数学不好是因为常用头去顶球，把脑子震坏了。小

贝可不信那一套，他对妈妈做了个鬼脸说："我的脑子震坏了？那为什么我外语考试回回得满分？我看哪，您是怕我踢球费鞋！"说真的，如果没有丁当帮忙，小贝数学成绩不会超过 60 分。

丁当把信交给小贝说："弯弯绕国邀我去做客，今天不能去踢球了。"小贝把信从头到尾看了一遍，高兴地把球往地上一扔，砰的一声，人和球一起蹦了起来，他说："我也跟你去弯弯绕国绕一绕。"

丁当故意绷着脸问："你也去？这弯弯绕国看来是专门在数学上绕弯子的，你行吗？"

小贝把脸往上一扬说："怎么着？你数学竞赛得了状元就瞧不起人啦！"

"你能把 n 求出来，我就带你去！"

"那还有问题？"小贝又把信看了一遍，"这个问题啊，只要把这列数的规律找到就成了！从 1 到 5，缺了 2、3、4；从 5 到 9，缺了 6、7、8。可是这些数有什么规律呢？"小贝摸着脑袋，声音越来越小。

丁当绷不住劲，扑哧一声笑了："你别把注意力集中在缺什么数上，而是要观察相邻两数，看它俩间隔了几个数。"

小贝赶忙说："我会了，我会了。相邻两数之间，间隔了3个数。因为1=1，5=1+4，9=1+4×2，13=1+4×3，17=1+4×4，依此类推，第100个数为1+4×99=397。要再往东走397米，就到弯弯绕国了。"

"对！咱俩赶快走吧。"丁当和小贝出了门一直向北走了100千米，又转向东走了397米。

丁当说："该到了，怎么没人接咱俩？"正说着，只见两个小孩走了过来。他俩正在争吵着什么，争得面红耳赤，看来快动武了。

丁当赶紧把两人拉开："有话好好说，别打架。"

"谁打架啦？我们俩在讨论数学题呢！"其中一个小孩直冲丁当嚷。

丁当仔细端详这两个小孩，看年龄都不过六七岁，

一个长着圆脸蛋、圆眼睛、圆鼻子，另一个是方脸、方嘴、方鼻子。他俩的眉毛长得怪，眉梢长，还向里绕了几个圈。

数 学 高 手

找规律填数

　　做找规律的题目的步骤是：观察思考、猜想计算、尝试验证、找出规律。先单独看每个数本身有什么特点，这一个数与它所在的位置数是否存在和、差、乘、除或者平方等关系；再考虑相邻的数或者相隔的数之间的关系，看两个数的差、和、倍数或者商之间是否存在规律。如果还找不出来，就要动笔算算，看数与数之间是否满足某个关系式。

试一试

　　找规律填数：

　　1，4，9，16，（　　　），36，49。

　　小贝心想，这两个小孩也就是一二年级的小学生，他们会有什么难题呀！我何不趁机露一手。小贝对两个小孩说："你们有什么问题尽管问我，我都给你们解答。"

　　圆脸蛋小孩自我介绍说："我叫圆圆，他叫方方，我俩都是小学一年级的学生。有这么一道题，我们讨论了

很久——甲、乙、丙、丁、戊是五个小孩。已知他们五人都是同年同月生，而且出生的日期是一天紧挨着一天。又知道甲出生早于乙的天数同丙出生晚于丁的天数恰好相等。戊比丁早出生两天。如果乙今年的生日是星期三，那么其余小朋友今年的生日是星期几？"

小贝摸了摸脑袋，摇摇头，说："这么难的问题，不是你们一年级小学生做的，你们应该去做 1+2、2+3 这样的问题！"说完拉起丁当就走。

圆圆张开双臂挡住了小贝："这个问题还没算出来就要走，这么大个子，不嫌丢人！"

小贝刚要发火，丁当站了出来："我来帮你们做。这道题的关键是要把甲、乙、丙、丁、戊这五个小朋友出生的先后顺序排出来。"

方方拍拍小贝："你听听这个大哥哥说得多有道理呀！"

小贝一瞪眼："我有他的水平，我也拿市数学奥林匹克竞赛冠军啦！"

圆圆问丁当："这个顺序应该怎样排呢？"

丁当说："由于甲出生早于乙的天数同丙出生晚于丁的天数恰好相等，所以甲在乙前，丁在丙前。又由于戊比丁早生两天，戊肯定在丁的前面，而且戊和丁之间应该有一个小朋友。"

圆圆不以为然地说："这些关系，从题目中就可以直接得到，关键是戊和丁之间应该是谁？"

小贝不高兴了，他往前走了一步，说："嘿，你小小年纪口气还真不小，让你排，肯定是按甲、乙、丙、丁、戊来排。"

"小贝！"丁当拉开小贝，继续分析说，"由于丙在丁的后面，所以戊和丁之间只有甲和乙两种可能。"

方方问："会不会是乙？"

"不会。"丁当肯定地说，"如果戊和丁之间是乙，五人的出生次序为甲、戊、乙、丁、丙，他们都相隔一天。这时甲比乙早生两天，而丁比丙早生一天，这不符合题意。因为题目说甲出生早于乙的天数同丙出生晚于

丁的天数恰好相等。"

圆圆说："只能是戊、甲、丁、乙、丙。由于乙今年的生日是星期三……"

小贝抢着说："所以，丙是星期四，丁是星期二，甲是星期一，戊是星期日。做出来了。"

圆圆斜眼看了小贝一眼。

丁当问圆圆："你知道弯弯绕国怎么走吗？"

圆圆瞪大眼睛说："这儿就是弯弯绕国呀！我们俩在第一弯弯绕小学读书。你们是到我国来做客的吧？"

半天没说话的小贝来精神了！小贝说："对！是你们国家的布直首相邀请我们来的。"圆圆和方方一起拍着手说："欢迎，欢迎。不过——"圆圆用眼睛翻了一眼小贝。

小贝忙问："不过什么呀？"

圆圆说："布直首相邀请的客人，都是数学特别好的。像你这样的数学水平，怕是要吃亏的。"说完，圆圆和方方各写了一张纸条，一张递给了丁当，一张递给了小贝。

数学高手

推算生日问题

在日常生活中，有些问题常常要求我们通过使用一定的推理方法，如排除法、假设法或反证法，对事物间的关系或规律做出合理的判断与分析，而不是计算得出正确的答案，这类问题就叫逻辑推理问题，如故事中的推算生日。通过题目描述，先找出五个小孩生日的先后顺序，当无法确定戊和丁两人之间是谁时，可以用到假设法。

试一试

甲对乙说："院子里有三个小孩，他们的年龄之积等于 72，年龄之和恰好是我家的楼号，楼号你是知道的，你能求出这些孩子的年龄吗？"乙走到窗前，看了看楼下的孩子说："有两个很小的孩子，我知道他们的年龄了。"请问主人家的楼号、孩子的年龄分别是多少？

方方说："我们国家规定，对客人要按数学水平高低，给予不同的接待。往东有两条路，你俩各走一条，遇到哨卡就把纸条给他，哨兵会带你们找到首相府的。再见！"方方和圆圆连蹦带跳地走了。

丁当和小贝各选了一条路，也分手了。

丁当一路走，一路欣赏弯弯绕国的风景。青翠的树木，绚丽的花朵，景色十分迷人，不过所有的树叶和花瓣都绕成了弯儿。丁当心想，弯弯绕国连树木、花草都绕着弯长啊！

"站住！"突然，从大树后钻出一个端枪的士兵，他问："到哪儿去？"

丁当赶紧掏出方方给他的纸条说："我是布直首相的客人，这是方方写的条子。"

士兵打开条子一看，说道："对不起，这上面是道数学题。你做出这道题，就说明是我们首相的客人。如果做不出来，说明你是冒牌客人，我就把你送进监狱！"

丁当接过纸条，只见上面写着：

老师拿出 100 张英语单词卡片（每张上一个单词），让四名学生背卡片上的单词，一张卡片上的单词有几个人背出来，就在卡片上画几个“+”。四名学生分别背下 89、82、78、77 个单词。问画有四个“+”的卡片最少有多少张？

丁当一边琢磨着怎样解这道题，一边替小贝担心。

小贝能做出他手中的题吗？如果做不出来，又将怎么样呢？

2. 数学擂台

　　丁当心想，解这道题应该从哪儿下手呢？题目问的是画有四个"＋"的卡片最少有多少张。甲学生背出了 89 个单词，他就在 89 张卡片上分别画上了一个"＋"。乙学生背出了 82 个单词，他就在 82 张卡片上分别画上一个"＋"。

　　有门儿！丁当接着往下想，为了简单起见，不妨先把四个学生简化成甲、乙两个学生。甲、乙画完之后，画有两个"＋"的卡片最少有多少张？直接求最少有多少张不好入手，不妨换一个角度，求没画两个"＋"的卡片最多有多少张。

　　什么时候会产生没画两个"＋"的卡片最多这种情

况呢？是甲、乙两人没背出的单词互不相同。此时，甲没画"+"的卡片有100-89=11张，乙没画"+"的卡片有100-82=18张，而11+18=29是没画两个"+"的卡片最多可能的张数。

丁当高兴地一拍大腿，行了！如果四个人没背下的单词互不相同，那么没有画上四个"+"的卡片最多有

(100-89)＋(100-82)＋(100-78)＋(100-77)=74张，

所以画上四个"+"的卡片最少有100-74=26张。

士兵看丁当把题目做出来了，态度立刻变得客气多了，说："这么说，您真是我们布直首相的客人了，请随我来。"士兵熟练地扛起枪，迈着正步在前面带路。丁当觉得他走路的样子挺好玩，也学着他的样子，迈着正步在后面跟着。

正走着，忽然听到有人喊："丁当，快来救救我！"丁当仔细一听，是小贝在喊，撒腿就朝小贝喊叫的方向跑去。在前面走正步的士兵见丁当跑了，赶紧追了过去，边追边喊："尊敬的客人，布直首相在这边，那边是监狱。"

数学高手

反向推理法解题

　　反向推理是解决逻辑推理问题的一种特殊方法。任何一个问题都有正反两个方面，很多时候，从正面解决问题相当困难，这时如果从其反面去想一想，常常会茅塞顿开，获得意外的成功。这就是反向思考。本故事中求画四个"+"的卡片最少有多少张，我们从反面考虑，求没画四个"+"的最多有多少张，问题就容易解决了。

试一试

　　马戏团里有 15 只猴子，其中会翻跟头的有 14 只，会骑自行车的有 12 只，会钻圈的有 11 只，会做算术的有 9 只，问至少有几只猴子四个项目都会？

　　丁当头也不回，一个劲儿往前跑，转过一片小树林，看见一名胖胖的弯弯绕国士兵正拉着小贝朝监狱走去。

　　"住手！"丁当大喊一声，三步并作两步跑过去质问士兵："你为什么要抓人？"

　　胖士兵摇晃着脑袋说："这个人自称是布直首相的客人，可是他连纸条上的题都做不出来。我们的首相怎么会请这样的客人呢？按照我们国家的法律，凡是冒牌客人都要送进监狱。"

　　丁当解释说："他叫小贝，我叫丁当。你们首相是请我来做客的，他是陪我的，有什么难题，只管交给我做好了。"

　　胖士兵把脑袋摇晃得更厉害了，他笑着说："一个丁当，一个小贝。名字倒是挺时尚的，不知道数学水平怎样。好，你来试试吧，做不出来一起进监狱。"说完，掏出条子递给丁当。

　　丁当接过题目看了起来：

　　A、B、C、D四个足球队进行循环比赛。进行了几

场之后，打听到 A、B、C 三个队的比赛情况，只是不知道 D 队的比赛结果。把已知结果排列如下：

	场次	胜	负	平	进球	失球
A	3	2	0	1	2	0
B	2	1	0	1	4	3
C	2	0	2	0	3	6
D						

请问，四个队各场的比分是多少？

丁当看完题目，扑哧一声乐了："我说小贝，你拿了一道你最擅长的足球问题，不应该不会呀？"

小贝嘬着大嘴："人家就要被送进监狱了，你还拿人家开玩笑！这四个足球队的胜负关系错综复杂，怎么求呀？"

丁当把题目看了两遍，说："A、B、C、D 四个足球队进行循环比赛，每个队都要和其他三个队赛一场。A 队赛了三场已经赛完，从 A 队入手应该最简单。"

小贝摇摇头："简单？我怎么看不出来！"

　　"考虑A队和B队的比赛，由于A和B都没有负过，所以A和B只能打平。"

　　"没错！"小贝来了精神。

　　丁当又说："由于A队没有失球，因此A和B的比分必然是0：0。"

　　"哇！你真厉害！求出A和B的啦！"小贝说着就拍了丁当一下，拍得丁当直咧嘴。

　　"我接着算！"小贝说，"A胜了两场，肯定是胜了C和D了。胜人家就要进球呀！可是A只进了两个球，不偏不倚，一家进一个。所以A和C的比分是1：0，A和D的比分也是1：0。"

　　"太棒了！"丁当给了小贝一拳，"接着算！"

　　"还剩下B和C、B和D、C和D的比分。"小贝精神大振，"B只赛了两场，其中一场和A打平，还胜了一场。是胜C呢，还是胜D？不会算了。"

　　丁当接着算："B和D的比分是4：3。"

　　"为什么不是B和C的比分是4：3呢？"小贝有疑问。

丁当说："由于已经算出 A 和 C 的比分是 1∶0，而 C 只赛了两场，如果剩下一场是和 B 赛的话，由于 B 只进了 4 个球，那么 C 只能输 5 个球，而 C 却输了 6 个球，这不合题意。"

小贝又问："那 B 和 C 的比分呢？"

"还没赛呢！"丁当的回答逗得胖士兵哈哈大笑。

小贝也乐了。他又问："还能知道什么比分？"

丁当说："还知道 C 和 D 是 3∶5。由于 C 输给 A 一个球，而又没和 B 比赛，所以他们所输的 6 个球中，有 5 个是输给 D 的。"

突然，小贝扶着丁当说："我头晕。"

丁当忙问："怎么回事？"

"我让弯弯绕国的题目给绕晕了！"小贝的表演又把胖士兵给逗乐了。

这时，追丁当的士兵也赶到了，两个士兵说了声："二位客人请！"士兵扛起枪在前面迈着正步带路，丁当和小贝跟在后面，直奔首相府而去。

数学高手

循环赛

做这类循环比赛的问题，首先从比赛最多场次的队开始推理分析，如本故事中的题目，先分析A。想赢对方，A至少要比对方多进一个球。A一共赢了两场，一共得失球2：0，可见赢的两场都是1：0，无其他可能，所以平的一场是0：0。再分析其他球队，分析中可以用假设的方法推理。

试一试

5支足球队进行单循环赛，每两队之间进行一场比赛。胜一场得3分，平一场得1分，负一场得0分。最后发现各队得分都不相同，第3名得了7分，并且和第一名打平，那么这5支球队的得分从高到低依次是多少？

走着，走着，前面锣鼓喧天，彩旗飞舞，好不热闹。小贝最喜欢凑热闹了，他轻轻拉了一下丁当的衣角："咱俩去瞧瞧热闹。"说完也不等丁当同意，一猫腰就跑了过去。丁当心里直埋怨小贝：这是什么地方，咱们是布直首相的客人，怎么能随便闲逛？可是又怕小贝一个人出事，也只好跟着跑了过去。幸好，带路的两名士兵仍然像接受检阅一样，还是一个劲儿地往前走，没有发现他俩溜了。

丁当和小贝跑近一看，这里搭了一个大戏台。戏台用各色的鲜花和彩绸装饰得十分悦目。小贝一拍大腿说："嘿！是演节目。从布置的情况来看，这节目准错不了。"

丁当哪有心思看节目。他见台子的右侧贴着一个大红榜，走近一看，红榜上写着：

布　　　告

弯弯绕国的居民们：

我国一年一度的数学打擂定于今天下午两点开始。

摆设数学擂台是我国的传统活动，欢迎全国居民踊跃参加。谁英雄，谁好汉，擂台上见。

为了给今年的数学打擂增添光彩，特邀了蓉沪市数学竞赛冠军丁当来参加，届时必有精彩表演，请勿坐失良机。

弯弯绕国首相　布直

丁当见布告上有自己的名字，顿时觉得脑袋发涨。原来布直首相是请自己来打擂的，这可够劲儿。

丁当正看着布告发愣，忽听有人喊："布直首相驾到！"丁当回头一看，在卫兵的簇拥下，一位身穿将军服的中年人含笑走来。他热情地拉着丁当的手说："我叫布直，你是丁当同学吧！欢迎你来敝国访问。"丁当没见过这样隆重的场面，一时不知说什么好，只是不断地点头。

布直首相说："离开擂时间还早，请先到首相府一坐。"一辆汽车开了过来，布直首相请丁当上车。丁当说："还有一位同学和我一起来的。"丁当向左右看看没有小

贝，就放开嗓门喊："小贝！小贝！""丁当，我在这儿。"
原来小贝一直藏在大戏台的柱子后面。

　　到了首相府，分宾主坐定。丁当首先提了个问题：
"贵国为什么如此重视数学？"布直首相说："数学是科
学的皇后，没有数学，也就没有现代科学技术。只有在国民中普及数学，提高数学水平，才能富国强民啊！"

小贝也提出了一个问题："我们遇到过两个小孩，一个叫方方，一个叫圆圆。看样子也不过七八岁，他们怎么会解那么难的数学题呢？"

布直首相笑了笑："现代数学发展得如此迅速，如果小学一年级总是从 1+1 学起，要学到什么时候才能接触到现代数学？我们弯弯绕国把小学要学的算术，作为学龄前教育的内容，放到家庭去学。从小学一年级开始学代数，相当于你们那的小学六年级数学。这样，孩子们中学毕业就可以把原来大学要学的数学学完，一上大学就可以从事数学研究，这样能够早出人才！"

小贝吐了吐舌头，小声对丁当说："咱俩到这儿，就变成小学一年级学生啦。"

正说着，开擂时间到了，擂台前人山人海，挤得水泄不通。布直首相、丁当和小贝坐到了贵宾席上。一阵鞭炮、锣鼓响过之后，主持人宣布数学打擂开始。打擂的方法是：先设一个擂主，打擂人上台后，擂主要问他

三道数学题，限五分钟内答出来。如果答错了，打擂人就败下擂台；如果全答对了，原擂主败下擂台，打擂人成为新的擂主。接着，主持人宣布打擂开始。

主持人刚把话说完，噌的一声，蹿上来一个又白又胖的小家伙。小家伙往台中央一站，向台下深鞠一躬说："我来当第一任擂主。"小贝一拍丁当的大腿说："这不是圆圆嘛！"

圆圆在黑板上写出第一道题：

我们班有 45 人，其中爱哭的有 17 人，爱笑的有 18 人，既爱哭又爱笑的有 6 人，问：(1) 只爱笑不爱哭的有几人？(2) 既不爱哭又不爱笑的有几人？

小贝对丁当说："这道题容易，我去打擂，打赢了也给咱哥们儿露露脸。"说完站起来就要上擂台。

丁当一把将他揪了回来："你好好想想，你说这道题怎样做？"小贝满不在乎地说："这还不容易，一共有45 人，除掉爱哭的 17 人，再除去既爱哭又爱笑的 6 人，剩下的 22 人就是只爱笑不爱哭的呗！"丁当摇摇头。小贝怀疑地说:"不对?那——第二问我会做。从45人中除去爱哭的17人,除去爱笑的18人,再除去既爱哭又爱笑的6人,剩下的4人就是既不爱哭又不爱笑的。"丁当又使劲摇了摇头说:"爱哭的人中可能包括既爱哭又爱笑的人,你这样减不对。"小贝一看全不对,马上像拔掉塞子的充气玩具一样坐下来了。

一个十八九岁的小伙子跳上了擂台,他答道:"只爱笑不爱哭的有12人,既不爱哭又不爱笑的有16人。"

圆圆把小脑袋一晃:"说说你的理由。"

小伙子走近黑板,先画了一个大圆圈,说:"这个大圈表示你们班的45人。"接着,他又在大圈里画了两个相交的小圆圈:"这两个小圈,一个圈里是爱哭的,另一个圈里是爱笑的,两圈相交部分是既爱哭又爱笑的。在大圈里而又在两个小圈外的,是既不爱哭又不爱笑的。根据这些圈的关系可以算出来,只爱哭不爱笑的有11人,只爱笑不爱哭的有12人,既爱哭又爱笑的有6人,既不爱哭又不爱笑的有16人。"小伙子话音刚落,台底

下就有人喊:"对!""没错!"接着是一阵暴风雨般的掌声和欢呼声。

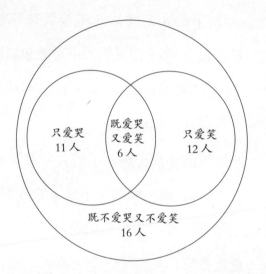

小贝吐了吐舌头说:"两问,我一问也没做对!"
丁当说:"这下你要记住,在做题时画图是很有帮助的。"

圆圆说:"你来做我这第二题。"说完在黑板上写出:

小红钓了鲤鱼、鲫鱼和草鱼3种鱼,总共10条。
小红对同学说:"你随便拿走其中的3条,都至少会有1条鲤鱼。"你知道鲤鱼有多少条吗?

数学高手

容斥原理

略微复杂的容斥问题，除了运用书中提到的画图法分析外，也可以运用以下原理解答。

容斥原理1：A、B两类事物各有a个和b个，同时属于这两类的事物有m个，那么，A、B总和 =a+b-m。

容斥原理2：A、B、C三类事物各有a个、b个和c个。其中既是A类又是B类的个数为x，既是A类又是C类的个数为y，既是B类又是C类的个数为z，既是A类又是B类而且是C类的个数为p，那么，A、B、C的总和 =a+b+c-x-y-z+p。

故事中的题目属于原理1的问题，爱哭的17人，爱笑的18人，既爱哭又爱笑的6人，两者的总和为17+18-6=29，所以既不爱哭又不爱笑的有45-29=16人。

数 学 高 手

试一试

　　一次期末考试，某班15人数学得满分，12人语文得满分，其中4人语文、数学都是满分，请问这个班至少有一门得满分的同学有多少人？

　　小伙子冲圆圆一笑，说："这可不像圆圆出的题，这题白送我啦！有8条鱼。"

　　圆圆问："为什么？"

　　小伙子说："如果鲤鱼少于8条，我拿3条鱼就可能拿的是鲫鱼和草鱼，而拿不到鲤鱼。"

　　台下又是一片喝彩声。

　　小伙子笑着对圆圆说："娃娃，将擂主让给我吧？"圆圆瞪大了眼睛说："让给你？没那么容易！你来做我的第三道题吧。"

数学高手

抽屉原理

　　把3个苹果放进2个抽屉里，一定有一个抽屉里放了2个或2个以上的苹果，这种现象就叫"抽屉原理"。抽屉原理又称鸽巢原理，是组合数学的一个基本原理。

　　故事中的题目就是抽屉原理的应用之一。为了保证拿走的3条鱼中至少会有1条鲤鱼，我们从最坏的情况出发，就是说拿走的3条鱼中没有鲤鱼，这样鲤鱼的条数就是小于等于7条。所以，要保证拿走的3条鱼中至少会有1条鲤鱼，那鲤鱼的数量就不能少于8条。既然3种鱼加起来是10条，至少有两种两条其它的鱼，那鲤鱼必然有8条。

　　要保证满足要求，应尽量从可能出现的最坏情况开始考虑，最坏情况满足了，其他情况当然也就满足了。

数学高手

试一试

木箱里装有红色球 3 个、黄色球 5 个、蓝色球 7 个，若蒙眼去摸，为保证取出的球中有两个球的颜色相同，则最少要取出多少个球？

圆圆出的第三道题是：

有三个口袋，第一个口袋里装有 99 个白球和 100 个黑球，第二个口袋里装的都是黑球，第三个口袋是空口袋。我每次从第一个口袋里摸出两个球，如果两个球是同色的，就把它们放入第三个口袋里，同时从第二个口袋里取出一个黑球放入第一个口袋里；如果取出的两个球颜色不同，就把白球放回第一个口袋里，把黑球放入第三个口袋。我共操作了 197 次（指从第一个口袋里取了 197 次球），这时第一个口袋里还有多少个球？它们各是什么颜色的？

"这三个口袋里的黑白球来回乱拿，而且拿了近200次，这可怎么算？"这次可把小伙子给憋住了，时间一分一分地过去了，小伙子写了满黑板的算式，画了一个又一个口袋，他头上的汗都下来了……

3. 小贝、丁当双打擂

规定的5分钟已到，小伙子败下台来。"我来打擂！"声到人到，方方跳上了擂台。

方方说："首先要找出每一次操作的规律——每进行一次操作，都要从第一个口袋中拿出两个球，也不管拿出的两个球是什么颜色，都要放回第一个口袋一个，因此每进行一次操作，第一个口袋里的球就减少一个。"

小贝在台下点头说："别看方方的年纪不大，分析得蛮有道理。"

方方接着说:"第一个口袋里共有 199 个球,一共操作了 197 次,最后,第一个口袋里还剩下两个球。"

圆圆不给方方喘息的机会,问:"剩下的两个球是什么颜色?"

"这个——"方方紧张地思索着,小脸也开始变红。

丁当有点看不下去了,小声对方方说:"白球总是成对减少的。"

聪明人只要被提醒一句就能豁然开朗。方方马上说:"由于第一个口袋里的白球是成对减少的,而白球有奇数个,所以剩下的两个球中一定有一个是白球,另一个必然是黑球。"

圆圆向方方招了招手说:"好朋友,你解对了,我把擂主让给你。"说完,圆圆纵身跳下台去。

方方对台下说:"现在我当第二任擂主,由我来出第一道题。古代有好几个人同时向女王求婚,女王说谁能最快地回答她的问题,她就嫁给谁。女王说,'我这儿有一篮李子,我把这篮李子的一半再多一个给第一个求

婚者。把余下的一半多一个给第二个求婚者，这时李子
恰好分完。原来篮子里有多少李子？'"

小贝对丁当说："听你们做了几道题，我脑子有点开窍，
我想上去打擂。你先提醒我一下，这个问题从哪儿去想？"

丁当说："有些题目直接去分析，可能更简单一些。
我相信你一定能够成功！"

"借你的吉言！"小贝紧跑两步"噌"地跳上了擂台。

方方见过小贝，神气地说："原来是客人来打擂，欢
迎指教。"

数学高手

摸球问题

做摸球问题，首先要搞清楚在摸球的过程中有无放回，如故事中是有放回的；然后看摸出和放回去的是什么球，本故事中取出同色球时，放回黑球，取出不同色球时，放回白球，所以白球总是成对取出，每取一次第一个口袋少一个球；再次就要根据容器内球的个数和操作的次数，判断最后剩余球的颜色，如本故事中一共 199 个球，每次操作少一个球，操作了 197 次，最后一定剩余两个球。由于白球成对取出，所以最后一定是一个白球，一个黑球。

如果知道剩余的球，也可以用倒推法求原有的球。

试一试

袋子里有若干个球，小明每次拿出其中的一半再放回一个球，这样共操作了五次，袋中还有三个球，问袋中原有多少个球？

　　小贝这次还真不含糊，张嘴就答："题目中说'把余下的一半多一个给第二个求婚者，这时李子恰好分完'，这说明这一半就是一个李子。在第一个求婚者拿走李子后，只剩下两个李子了。所以才有余下的一半就是一个李子，再多一个，总共两个李子给了第二个求婚者。我说，第二个求婚者够惨的，闹了半天才得了两个李子。"

　　小贝的一番话，逗得台下观众哈哈大笑。

　　小贝来了精神，他接着说："两个再加上多分给第一个求婚者的一个李子，一共是三个。这三个占全部李子的一半，所以李子数是六个。"

　　瞧！这道题居然让小贝给顺顺当当做出来了。

　　台下一片喝彩声，丁当高兴地使劲鼓掌，把手掌都拍红了。小贝对于自己超水平的发挥就别提多高兴了，他抬头看见上面挂着一个气球，一时球瘾发作，跳起来来了个头球攻门，甩头一顶，气球被顶起老高。小贝这一招儿又得到一阵喝彩声。

数学高手

倒推法解题

有些应用题如果按照一般方法，顺着题目的条件一步一步地列出算式求解，过程比较烦琐。所以，解题时，我们可以从最后的结果出发，运用加与减、乘与除之间的互逆关系，从后到前一步一步地推算，这种思考问题的方法叫倒推法。如本故事中从结果开始分析，把余下的一半多一个给第二个求婚者，李子恰好分完，所以这一半就是一个。因此，第一个求婚者拿完剩下两个。

试一试

某班学生参加劳动，其中 $\frac{3}{7}$ 的人打扫教室，剩下人员中的 $\frac{5}{8}$ 整理书籍，还剩 12 人整理桌椅，这个班共有多少学生？

"先不要高兴得太早了，你再来做我这第二道题。"方方说，"小王、小林、小朱、小高四人是同一所学校的学生。他们在路旁看到一辆汽车，车的牌照是个五位数字。

"小王说：'这个牌照的左边第一个数字是 0，第二位数字比我的年龄大。'

"小林说：'它是四个连续奇数的乘积。'

"小朱说：'也是我们四个人年龄的乘积。'

"小高说：'我们每个人之间的年龄差刚好是每个人的姓氏笔画差。'

"请问，这辆汽车牌照的号码是多少？四个人的年龄各是多少？"

小贝搓了搓手，说："你出的问题也太离谱了，一个问题要得出五个答数！"小贝站在东边想想，又站到西边想想，没想出什么好的方法。眼看时间快到了，小贝的嘴也闭上了，汗也下来了。小贝心想："好个弯弯绕国呀！这题目可真够绕脖子的。"

正当小贝无计可施的时候，只听一个熟悉的声音说："我来做这道题。"小贝回头一看，丁当上台来了。一看救星到了，小贝悬着的一颗心才放了下来。

丁当向台下深鞠一躬，又回身和方方握了握手，然后才说："由于汽车牌照的左边第一个数字是 0，实际上可以把它当作一个四位数。"

小贝插话："这叫什么？这叫简化。只有把问题先简化了，才能化繁为简，化难为易。"

丁当接着说："由于汽车牌照的号码是四个连续奇数的乘积，它必然是一个奇数。又由于汽车牌照也是他们四个人年龄的乘积，他们四个人的年龄必定都是奇数。"

"注意，有一个人的年龄是偶数，乘积必然是偶数！"小贝又插了一句。

丁当说："这四位同学的年龄不但都是奇数，且四个人的姓是王、朱、林、高，姓氏笔画分别是 4、6、8、10，各差两画，说明这四个奇数必然是连续奇数。"

小贝说："各位看官，问题分析到这儿，就快解决了！"

丁当对小贝说："咱俩怎么像说相声的？"

小贝做了一个鬼脸："数学相声。"

丁当最后说："四个连续奇数相乘后积是四位数的，只有 $5×7×9×11=3465$ 和 $7×9×11×13=9009$，根据小王说的'第二位数字比我的年龄大'，汽车的牌照不可能是 3465，否则小王的年龄还不到 3 岁！所以汽车牌照的号码只能是 09009。"

小贝见机会已到，赶紧宣布答案："汽车牌照的号码是 09009。小王 7 岁，小朱 9 岁，小林 11 岁，小高 13 岁。大家替我们欢呼吧！"当丁当把题目做完，台下顿时沸腾了，观众有的鼓掌，有的跺脚，有的欢呼。

方方双手一抱拳，称赞说："真不愧是蓉沪市的数学冠军，名不虚传。这个擂主让给你啦！"说完，方方转身跳下台去。

"新擂主出题！新擂主出题！"这时台下又有节奏地喊了起来。

丁当这时反而有点儿慌了，心里埋怨小贝不该打这

个擂。事已至此，埋怨有什么用？赶紧想题目吧，得想点儿绝的，对！

丁当要了一副扑克牌，从中挑出 2、4、6、8、10、Q（代表 12）、小王（代表 14）共 7 张牌。他将这 7 张牌交给了布直首相。

丁当向台下问："我需要两个人，谁愿意上来和我共同表演这道题？"

"我来！""我来！"方方和一个又矮又胖的黑小子跳上了台。

丁当让布直首相将牌洗过，背面朝上摊在桌上，每个人任选两张牌，把两张牌的数字之和报出来，谁能最先猜出剩在桌上的一张牌是多少，谁就算胜出。

三个人各取两张牌之后，方方说："我的两张牌数字之和是 12。"

黑小子说："我的两张牌数字之和是 10。"

丁当说："我的两张牌数字之和是 22。"

"我来猜桌上这张牌。"性急的黑小子说，"由于

8+4=12，10+2=12，因此方方手中的牌可能是 8 和 4，也可能是 10 和 2……"

"对，对。"没等黑小子把话说完，方方抢着说，"由于 8+2=10，6+4=10，因此黑小子手中的牌可能是 8 和 2，也可能是 6 和 4。"

当两人还没理出个头绪时，丁当笑着说："桌上那张牌是 Q（12）。"黑小子翻开一看，果然是 Q。

黑小子问："丁当，你是怎样算出来的？"

丁当摇摇头说："我不是算出来的。"

"不算怎么能知道？"

"因为我手中的两张牌是 8 和小王（14），我就肯定桌上的牌是 Q（12）。"

"我看是蒙的吧？"

"黑小子手中的两张牌之和是 10，Q（12）不可能在黑小子手中；方方手中的两张牌之和也只有 12，因此 Q 也不可能在方方手中。而我手中又没有，你说 Q 能不在桌子上吗？"

数学高手

奇偶运算

奇数与偶数的运算遵循以下规律：

对于两个数：(1)奇数 ± 奇数＝偶数，偶数 ± 偶数＝偶数，奇数 ± 偶数＝奇数，偶数 ± 奇数＝奇数。注意，加减运算符号不改变结果的奇偶性。

(2)奇数×偶数＝偶数，奇数×奇数＝奇数，偶数×偶数＝偶数，偶数÷奇数＝偶数，偶数÷偶数＝奇数或偶数。

多个数相加减时，结果由奇数个数决定，即奇数个奇数之和是奇数，偶数个奇数之和是偶数。多个数相乘时，只要有偶数，结果必为偶数（见偶得偶）。

试一试

1、3、5……2009 的和是奇数还是偶数？

黑小子一伸大拇指，说："高招！我服了。请出第二道题吧！"

丁当拿来一张直径是 15 厘米的圆纸片，又拿出一把剪刀准备出下一道题。

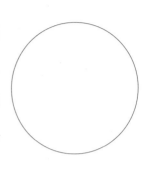

4. 丁当精彩秀

丁当拿起这张直径有 15 厘米的圆纸片和一把剪刀，说："谁能用这把剪刀把这张圆纸片剪成一个纸圈，剪法随便，要求你能从这个纸圈中钻过去，而且这个纸圈还不能断开，谁就赢了。"

丁当刚把题目一公布，台下就议论开了。有人说："这个题目真新鲜，不用计算，不用证明，只要求一个人能钻过去！"也有的人不以为然地说："堂堂的蓉沪市

数学竞赛冠军，怎么出了道耍杂技的题呢？"

正在这时，一个灵活得像只猴子的小孩嗖地跳上擂台，大声说："让我来试试！"

丁当低头一看，只见这个小孩长得又瘦又小，特别是他的脑袋，小得有点特殊，看年纪也就是五六岁的样子。小孩接过纸片，用剪刀在中间剪了一个大洞，然后一低头，小脑袋就钻进了纸圈。台下立刻就活跃起来了，有人在用力地叫喊："小不点，能把肩钻过去，你就胜利了！"

"噢，他叫小不点。怪不得长得这样又瘦又小啊！"丁当看着小不点。

小不点把头钻过去，接着就钻双肩，恰恰就是这双肩钻不过去。不管小不点怎样用力收缩他的双肩，总是差那么一点点。台下不少人在为小不点加油，小不点也真的在加油钻。小不点用了个巧劲，刚刚把双肩放进圈里，忽听啪的一声，纸圈被撑破了。"呀！"台下发出了一片惋惜声。

连小不点都钻不过去，别人就更别想钻了。过了好一会儿，台下有人问："我说擂主，你能钻过去吗？"

丁当笑了笑说："如果没有人打擂了，我就钻给你们看看。"台下一些急脾气的观众高声喊叫："没人打擂了，你快钻给我们看看吧！"

丁当又拿出一张同样的圆纸片，用剪刀把圆纸一圈圈地剪开，剪成一条长纸带（图中实线部分），又在纸条中间剪出一道缝（图中虚线部分）。丁当双手一拉，拉出

一个很大的纸圈，然后从容地从纸圈中间钻了过去，台下一片哗然。

一直在观看打擂的布直首相，向丁当提出了个问题："你这个钻纸圈法很妙，不过——我很想知道，你是怎样想起这个问题的呢？"

丁当说："我是从一个古代神话传说中得到的启示。

传说在很早很早以前，有一个叫黛朵的公主离开了自己的家园，准备到北非的地中海沿岸定居。当地的首领非常刁钻，要公主付出很大一笔钱，才卖给她用一张公牛皮围起来的土地。首领想用这样苛刻的条件，把黛朵公主难走。谁知道，黛朵公主欣然同意了。聪明的黛朵公主把公牛皮剪成许多非常细的条，把条和条联结起来，得到一条很长的牛皮条。公主用牛皮条沿海岸围出一个半圆。为什么要围成半圆呢？因为这样围得的土地面积最大。结果公主得到了一块很大的土地，建立了迦太基国。这个故事启发了我，于是编出了这样一道题。"

"丁当，你再出一道有故事又有数学的题吧，我就爱做这样的题。"丁当循声望去，是方方在台下说话。

圆圆也嚷嚷说："再出一道这样的题吧，我们老师讲数学时，从来不讲故事。"

丁当笑着说："我们老师讲数学时，也不讲故事，这都是我从课外书上看到的。既然你们叫我出题，我就再出一道。"

丁当想了一下，就开始讲了：

从前有一个大国，国王年轻、聪明，名字叫爱数。他爱上了邻国美丽的公主。一天，爱数国王带着文武百官和贵重的彩礼，到邻国向公主求婚。公主听明了来意，递给爱数国王一张纸条。公主说："听说你非常喜爱数学，所以起名叫爱数。我这儿有一个 8 位数，请你把它所有的质因数都找出来。如果 3 天之内，你能一个不差地都找到，我就答应嫁给你；如果找错一个，请你不要再提求婚一事。"

爱数国王拿过纸条一看，上面写着 95859659。国王微微一笑，心想：这还不容易，何必用 3 天呢！我一会儿就能把它的所有质因数都找出来。出于礼貌，爱数国王还是同意在 3 天内来交答案。

爱数国王回国后，连夜进行分解：他先用 3 去试除，不成，除不尽。他又用 7 去试除，啊！除尽了，得 13694237。找到了一个质因数 7，爱数国王的心里

别提多高兴了。他又去试除13694237，用3、7、11、13……好多数去试除都除不尽，越除不尽越着急，越着急越出错，白纸用去了一大摞，还是没求出第二个质因数来。一晃两天过去了，爱数国王完全被这个数搞糊涂了，急得他背着双手，在宫里来回地走。

大臣孔唤石来见爱数国王。他看到爱数国王发愁的样子，问明了公主出的题目，一声不响地冲着爱数国王笑了。

爱数国王没好气地说："平时我对你们这些大臣不薄，现在我遇到了困难，你们竟袖手旁观，哼！"说完他转过身去，赌气地一屁股坐在宝座上。

"国王别急。"孔唤石不慌不忙地说，"找到这个数所有的质因数，是很容易的，根本用不着您费这么大劲。"

爱数国王一把抓住了孔唤石的手，着急地问："你有什么好办法？"

孔唤石问："陛下，您知道咱们国内有多少有文化的人吗？"

"不少于 5000 万。"

孔唤石说："这就好办了。"

丁当讲到这儿突然停住了。他问道："哪位朋友知道，孔唤石用什么妙法，在很短的时间内把所有的质因数都找到了？"台下先是鸦雀无声，接着是窃窃私语，不过没有一个人站出来回答这个问题。

方方实在憋不住了，他大声说："我们都答不出来，丁当，还是你自己来答吧！"

"好吧！"丁当开始讲孔唤石的妙招：

孔唤石建议，把全国 5000 万有文化的人分成 5 个集团军，集团军的编号是从 0 到 4。每个集团军有 1000 万人。接着把每个集团军平分成 10 个军，编号从 0 到 9。再把每个军平分成 10 个师，编号也是从 0 到 9。接下去是分成旅、团、营、排、班。

这样一来，每个有文化的人都被编到有固定号码的集团军、军、师、旅、团、营、排、班里。把这些号码

按顺序写下来，就是某个人的号数。比如一个人被编在1集团军3军5师4旅0团9营7排5班，那么这个人的号数就是13540975。把5000万有文化的人都编上号之后，从00000000到49999999每个数都对应着一个人的编号。

孔唤石又让爱数国王把公主给的8位数95859659公布出去，要求每个有文化的人用自己的号码去除这个8位数，凡是能除尽的，而且是质数的，都到国王这里来报告。把这些报告来的编号收集在一起，不就是所有的质因数了吗？

爱数国王听罢大喜，立刻下令按孔唤石所说的方法去做，没过多久，有4个人来报告。这4个人的号码分别是1、7、3433、3989。孔唤石说："求出7、3433、3989，合在一起，一共才3个质因数。陛下，如果您一个人去除，您要试除上千次、上万次。如果5000万人去除，每人只做一次除法就可以知道答案，哪个省时间，哪个费时间，陛下您不是一目了然吗？"由于求出

了所有质因数，爱数国王和公主终于结成了夫妻。

丁当刚刚讲完，台下响起了热烈的掌声。布直首相走上擂台，亲自给丁当发了奖。圆圆跑上台给丁当戴了朵大红花，小贝在一旁乐得合不拢嘴。

布直首相拉着丁当的手说："我们弯弯绕国是个十分注重数学的国家。我们试验着把中学的数学下放到小学，把大学的数学下放到中学。可是我们有一个问题没能解决。"

数 学 高 手

分解质因数

较小的自然数很容易看出是质数还是合数，但要判断较大的自然数是质数还是合数，就需要一定的方法了。

若这个自然数是完全平方数，则一定是合数；如果不是完全平方数，就看它接近哪个数的平方，然后试着用小于这个数的质数除以要判断的那个数，整除则是合数，否则就是质数。

把一个合数分解质因数，就是把这个合数用质因数相乘的形式表示出来。或者说，把一个合数写成几个质数的连乘积。分解质因数的算式叫短除法，要从最小的质数 2 除起，一直除到结果是质数为止。

试一试

找出 1992 所有的质因数，并求出它们的和。

小贝在一旁插话问："什么问题？"

布直首相说："学生学的知识虽然多了，可是学得不够灵活。对于大多数学生来讲，数学还是比较枯燥的，缺少吸引力。但是，丁当同学提出的两个问题，有趣味，有吸引力。希望丁当同学多帮助我们。"

"不敢，不敢。"丁当谦虚地说，"我和小贝来贵国，主要是来学习的，还望布直首相多教给我们一些数学知识。"

"这个——"布直首相迟疑了一下说，"我们弯弯绕国有座很有名的数学宫，你们两个可以去闯一闯。那里面有欢乐，也充满了危险。只有那些数学基本功好、头脑冷静、不畏艰险的人，才能闯过数学宫。在闯数学宫的过程中，你们会学到许多数学知识。"

丁当和小贝一起高兴地说："好，我们俩愿意去闯一闯。数学宫在哪儿？"

布直首相用手往前一指说："看！那座金光闪闪的宫殿就是数学宫。"丁当告别了布直首相，和小贝手拉手

向数学宫走去。

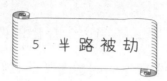

5. 半路被劫

丁当、小贝打擂得胜后，经布直首相指点，决心去数学宫进一步探索数学的奥秘。两个人沿着林荫小路，大步往前走。小贝心里高兴，一边走一边跳，嘴里还一个劲儿地唱："Go！ Go！ Go！ 噢雷噢雷噢雷！""嘿！我说丁当，你这个擂台打得可真漂亮。你把弯弯绕国的人都给绕糊涂了。我原来感觉数学枯燥无味，可没想到越学越有兴趣。我算彻底服了！"

丁当谦虚地说："我无非讲了两个数学故事。"丁当话音刚落，突然从一棵大杨树后面闪出两个戴着假面具的人。他们手里有枪，厉声喝道："不许动，把手举起来！"

　　"怎么？弯弯绕国里也有强盗！"丁当和小贝相互看了一眼，慢慢地举起了双手。两个戴假面具的人绕到丁当和小贝的背后，用枪口顶了一下丁当的后腰："往前走！"丁当在前面不紧不慢地走着，小贝紧跟在后面。

　　走到一个丁字路口，路上立着一块牌子，上面标明去数学宫往右拐，而戴面具的人偏叫丁当往左拐。走到一个十字路口，还叫丁当往左拐。然后是右拐，右拐，右拐，连续三个右拐弯，来到一间石头屋前。石头屋没有窗户，只有一个铁栅栏门。一个戴面具的人打开铁栅栏门，把丁当和小贝推进了石头屋，然后把铁栅栏门锁上了。

　　小贝急了，双手抓住铁栅栏门用力摇晃，气呼呼地对戴面具的人说："我俩是布直首相请来的客人，你们怎么能这般无礼！"两个戴面具的人连声也没吭，掉头就走了。

　　小贝大喊："你们回来，放我们出去！"丁当在一旁

说："不用喊了，他俩已经走远了。"

　　小贝转过身，背靠着铁栅栏门懊丧地说："完了，被人绑架了，数学宫也别去了。"

　　丁当没说话，两眼不住地打量这间石头屋子，小贝说："有什么好看的？这里空荡荡的，连把椅子都没有。"

　　丁当看了看门锁，眼睛突然一亮，小声对小贝说："小贝你快看，这是一把六位数的密码锁。"小贝用手转了转密码锁，摇摇头说："密码锁，不知道开锁的密码，你也开不开呀！"

突然屋顶一亮，两人抬头一看，是屋顶的天窗被打开了，阳光从天窗照进了屋里。从天窗飘下一张纸条，很快天窗又关上了。不等纸条落地，小贝一个摘球动作，把纸条一把捞到手里。丁当接过纸条一看，只见纸条上写着：

开锁的密码是 $abcdef$，这 6 个数字各不相同，而且 $b \times d = b$，$b + d = c$，$c \times c = a$，$a \times d + f = e + d$。

丁当说："这是有人救咱俩。"

小贝一摇头说："救人也不彻底，还要咱们去算。这一大堆算式，连个已知数都没有，怎么个算法？"

丁当瞪了小贝一眼说："你老毛病又犯了。没有认真分析一下题目，怎么就肯定解不出来呢？来，咱俩一起解。"丁当把纸条反反复复地看了好几遍。

小贝在一旁着急地问："怎么样？有门儿吗？"

"你看这第三个式子是 c×c=a，这就说明 a 一定是一个平方数。从 0 到 9 这 10 个数中，只有 0、1、4、9 这 4 个数是平方数。但是 a 不能是 0，否则 c 一定是 0，这时 a 和 c 相等了，与纸条上写的 6 个数字各不相同这个条件不相符合。同样道理，a 也不能是 1，a 只能是 4 或 9，而 c 只能是 2 或 3。"

一听丁当分析得有道理，小贝也来神了，他说："给出了 b×d=b，说明 d 一定等于 1。"

丁当用力拍了一下小贝的肩膀，高兴地说："对！你分析得对。"

经丁当一夸，小贝更来神了。他指着第二个算式说："既然 d 等于 1，由 b+d=c，可以知道 c 比 b 大 1。"小贝说到这儿，高兴得一跳老高。

丁当拉住小贝说："你接着往下算。"

小贝看着式子，摸了摸脑袋说："往下我就不会了。"

丁当说："刚才分析出 c 是 2 或 3，再由 d 等于 1，c 比 b 大 1，可以得到 b=2，c=3。"

"那为什么？"小贝有点糊涂。

丁当说："你看，c 不能等于 2，否则 b 必定等于 1。可 d 已经等于 1 了，因此 b 只能等于 2，c 就等于 3。"

小贝高兴地两手一拍说："c=3，a 就等于 9，快算出来喽！"

丁当指着最后一个式子说："既然 a×d+f=e+d，将 a=9、d=1 代入可知 9+f=e+1，e−f=8，可以肯定 f=0，e=8。"

"哦！算出来啦！ abcdef=923180。快开锁吧！"

小贝说完就动手去拨密码锁的号码，当拨到 923180 时，只听"喀哒"一响，密码锁打开了。小贝拉开铁栅栏，拉着丁当跑出了石头屋子。

屋子外面一个人也没有。小贝往四周看了看，一屁股坐到了地上。丁当问："你为什么不走啊？"

小贝垂头丧气地说："那两个戴面具的人带着咱俩左转一个弯儿，右转一个弯儿，把我都转糊涂了。咱俩逃出了石头屋，也不知往哪儿走啊！"

数学高手

数字谜

数字谜，一般是指那些含有未知数字或未知运算符号的算式。要解开数字谜，就得根据有关的运算法则、数的性质（和、差、积、商的位数，数的整除性、奇偶性、尾数规律等）来进行正确的推理、判断。推理时应注意：

①数字谜通常只取 0~9 中的某个数字；

②要认真分析算式中所包含的数量关系，找出尽可能多的隐蔽条件；

③必要时应采用枚举和筛选相结合的方法（试验法），逐步淘汰掉那些不符合题意的数字；

④数字谜解出之后，最好验算一遍。

试一试

有一个四位整数，在它的某位数字前面加上一个小数点，再与这个四位数相加，得数是 2000.81。求这个四位数是多少？

丁当问："你还记得那两个戴面具的人，是从什么地方跳出来的吗？"

"记得，是从一棵大杨树后面。"

丁当用手指着石头屋后面不远的一棵大杨树说："就是那棵大杨树。"

"哪有的事，大杨树多了，你怎么敢说就是那棵呢？"小贝不相信丁当的话。

丁当蹲在地上边画边说："戴面具的人一开始是叫咱俩从 A 点向北走，我默数了一下，共走了 257 步到 B 点。第一次向左拐，走了 417 步到 C 点；第二次向左拐，又

走了 257 步到 D 点，你从图上可以清楚地看到，D 点在 A 点正西 417 步处。"

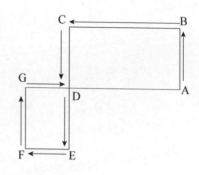

小贝点点头："嗯，我说你刚才走起路来，为什么不慌不忙还默不作声，原来你在边走边数步子。"

丁当接着说："在 D 点并没有停顿，又继续往前走了 199 步到了 E 点；第一次右拐弯，走了 100 步到了 F 点；第二次右拐，走了 199 步到了 G 点；第三次右拐走了 517 步，就又回到了 A 点。"

小贝摸着脑袋说："活见鬼，绕了两个圈儿又回到了 A 点。那咱俩怎么办？"

丁当坚定地说："咱们从大杨树一直往北走，还是去数学宫。"两人一溜小跑来到大杨树下，小贝向左右仔细看了看，果然是刚才被劫持的地方。小贝竖起大拇指，佩服地说："丁当，我服了你了。你这个步量法还真准，咱俩走吧。"

数学高手

位置问题

做有关位置的题目，关键要熟悉地图上的方位，如下图所示：上北、下南、左西、右东。然后按照题目的行进方向和距离，画出行进路线图。故事中，丁当和小贝又返回了原地。做题时，只要按照所画的路线图反方向行进，就可以回到原地。

试一试

朋朋要去公园，他向东走了 100 米，向北走了 300 米，又向东走了 400 米，最后又向北走了 600 米，请画出他的行进图。

丁当摇摇头说："吸取刚才的教训，这次咱俩分开来走。我在前，你在后，拉开一定距离。这样即使遇到了坏人，也不会一起被抓住。"

"是个好主意。"两个人一前一后走着，大约保持200米距离。

丁当不放心小贝，一边走一边往后看。来到了丁字路口，丁当往右拐弯儿，并向小贝做了个向右拐的手势，小贝冲丁当笑着点点头。

丁当向右拐弯没走多远，从后面传来"砰砰"两声响。

丁当掉头就往回跑，跑到丁字路口往后一看，啊，小贝不见了！会不会又被人劫持了？丁当觉得事情非同小可，赶紧沿着原路寻找。丁当一边走一边叫着小贝的名字，可是找了很长一段距离，也没见小贝的影子。

丁当仔细辨认着地上的脚印，发现了一行脚印通向路边，是小贝的脚印，因为小贝总是喜欢穿球鞋。可是小贝一个人干什么去了呢？"砰砰"两声又是怎么回事？丁当陷入苦苦的思索中……

6. 球场上的考验

丁当顺着小贝的脚印往前找，走了不长一段路，看见了一个足球场。许多人站在场边观看，小贝一个人踢着足球在场里来回跑。

"这个球迷，怎么半路跑到这儿踢足球了？"丁当心里直埋怨小贝，赶紧喊了小贝一声。

"我在这里进行足球智力比赛呢！"小贝擦了把头上的汗，咧着大嘴一个劲儿地乐。

"足球智力比赛？"丁当还是第一次听说。

小贝解释说："刚才我正跟在你后面走，忽然飞来一个足球，砰的一声飞落到我的脚前，我砰的一声又把足

球踢了回去。后来方方跑来了，他说我足球踢得好，非拉着我参加足球智力比赛不可，我就跑到这儿了。"正说着，方方抱着一个足球跑来了。方方大声叫道："嘿！丁当，你也来参加足球智力比赛？欢迎！给你一个足球。"说着就把足球扔给了丁当。

丁当接过足球问道："这怎么个赛法？"

方方指着足球场说："你看，这半个足球场连同大门里面，用黑白两色分成24个格。比赛要求，从最右端的黑格带球进入场内，每个格都要带球经过，而且只能经过一次，最后从最左端的黑格出来。在带球过程中，只能直着走，不能斜着走。谁能做到谁就取胜。"

小贝说："你看着，我先给你表演一次。"说着，他就带球从最右端的黑格进入了足球场。小贝以熟练的带球技术，在场内走回形线，当他走了一多半时，就前进不了啦！

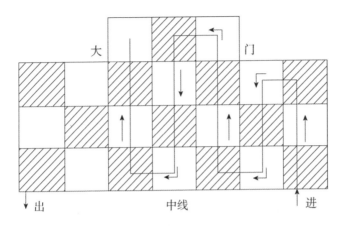

方方对丁当说:"你来试试吧。"丁当没动,他看着这半个足球场苦苦地思索。小贝还是带着球,在场内来回跑,一边试验一边过足球瘾。

突然,丁当喊道:"小贝,你别试验了,这样的路线根本不存在。"丁当的话使在场的人都很惊讶。

方方问:"你连一次都没试验过,怎么敢肯定这样的路线不存在呢?"

丁当笑着说:"是数学方法告诉我的。你们来看,和每个黑格相邻的都是白格,反过来,和每个白格相邻的一定是黑格。由于不许斜着走,从最右端的黑格入场,第二个一定进入白格,第三个一定进入黑格……总之,

进入的第奇数个格一定是黑格，第偶数个格一定是白格。你们说对不对？"

"对，对。"在场的人都同意丁当的分析。

丁当接着说："我数了一下，黑、白格各 12 个，一共 24 个格。24 是个偶数，按我上面的分析，只有第偶数个格是白格时，才有可能走通，可是这里的第 24 个格，也就是最后一个格是黑格。因此，我肯定这样的路线不存在。"

大家都觉得丁当说得有道理。

方方紧接着问："能不能改变一下，让这条路线走得通呢？"

丁当略微想了一下说："可以。只要适当地去掉一个白格就可走得通。"丁当去掉球门里面的一个白格，然后带球从最右端的黑格入场，进场就横着走，接着转过头又往回走。嘿，丁当脚下功夫也不软，干净利索地一口气跑完了全场，最后从最左边的黑格把球带了出来。

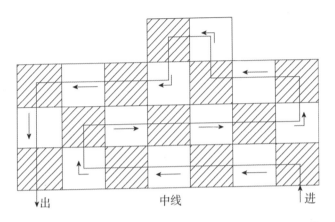

出　　　　　　　中线　　　　　　　进

全场观众直鼓掌，小贝也直叫好。丁当抹了把头上的汗，对小贝说："咱俩走吧。"小贝看见足球哪里挪得动腿呀！他央求丁当说："赛场球再走吧！"一提到赛球，在场的人也都嚷嚷着要赛。

丁当对小贝说："对你真没办法，咱们的任务是去数学宫，半路你却要踢球。"

小贝说："好丁当，就踢 10 分钟。"

方方把在场的人分成两队，丁当和小贝一队，方方在另一队守大门。丁当踢前卫，小贝踢前锋，两人配合默契，踢了不到 10 分钟，小贝就头球破门 3 次，丁当也远射射中一球，场上比分 4：0。

数学高手

一笔画

这是变相一笔画问题。一笔画是指笔不离开纸，每条线都只画一次，并且不准重复而画成的图形。从某个点出发的线的数目是双数的叫双数点，从这点出发的线的数目是单数的叫单数点。

判断一个图形能否一笔画成，关键在于图中单数点的多少。凡是图形中没有单数点的，一定可以一笔画成；凡是图形中只有两个单数点的，一定可以一笔画成，画时必须以一个单数点为起点，最后以另一个单数点为终点；凡是图形中单数点的个数多于两个时，此图肯定不能一笔画成。

本故事中，要求从黑格进，黑格出，黑白格各是 12 个，这样是画不出来的。

试一试

　　请判断下列图形是否可以一笔画出来，为什么？

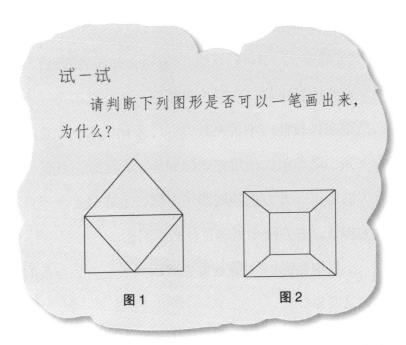

图1　　　　　　图2

　　方方摆着双手，大喊："不踢了，不踢了。我快成'漏勺'了。小贝的球技果然厉害！"说得小贝咧着大嘴一个劲儿地笑。

　　丁当把方方拉到一旁问："你们这儿是不是有强盗？"接着就把被劫持一事说了一遍。

　　方方听完扑哧一笑："哪儿来的强盗？他抢走你什么财物了？我们弯弯绕国的人都喜欢开玩笑，说不定是谁

戴着面具在和你们开玩笑呢！"

"开玩笑？"丁当心里想，"有这么开玩笑的吗？"

方方缠着小贝，非叫小贝教他足球技巧不可，小贝当然很高兴教他。小贝先教方方传球和接球，接着带方方来到一堵墙前，小贝把球踢到墙上，足球正好反弹到方方的脚下。方方也冲墙踢了一脚，足球却反弹不到小贝的脚下。方方问小贝这是什么原因。

小贝解释说："关键是要把球踢到墙上一个合适的位置，这要靠经验。"

"这么说，我没经验就一定踢不好球了。你可别蒙我，我问问丁当去。"方方转身就去找丁当。

小贝笑着说："解数学题你找他，踢球还得找我。"

方方找到了丁当，丁当半开玩笑地说："如果你能告诉我，谁劫持的我们，又是谁从天窗扔下的纸条，我就告诉你一个踢法，比小贝踢得还准。"

"行！只要能让我踢得准，我一定告诉你。"方方满口答应。

丁当让方方找来一根长绳和两根短木棍，把木棍分别钉在两个地方，把绳子的两头系在两根木棍上，再把绳子拉紧，在地上画出一大段曲线。两人搬来许多砖，让砖的小面向里，沿着画好的曲线垒起一道墙。

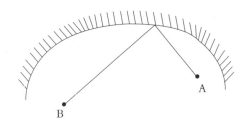

方方被丁当的这一系列举动弄糊涂了，他愣呵呵地问："我让你教我踢足球，你修墙干什么？"丁当拍拍手上的土，小声对方方耳语了几句。方方听罢一跳老高，立刻去找小贝。

方方挺着胸脯对小贝说："还是丁当的基本功过硬，我跟他没练几下，已经超过你的水平啦！"

小贝摇摇头说："不可能，'冰冻三尺，非一日之寒'。我能踢得这样准，是长期练出来的。"

方方歪着脑袋说："我就踢得比你准，不信咱俩比试

比试。"

"比就比。"小贝根本没把方方放在眼里。

方方提出的比试方法是，每人踢 10 次，看谁踢得准。小贝还是对着原来的墙踢。小贝踢了 10 次，只有 7 次反弹到方方的脚下。该方方踢了，方方说对着直墙踢不算真功夫，他要到弧形墙上去踢。小贝心里想，方方真是个傻子!

方方和小贝来到刚垒好的弧形墙前，方方在 A 点站好，小贝在 B 点站好。方方抬腿就踢，足球撞到弧形墙上，准确地反弹到小贝的脚下。小贝吃惊地看了方方一眼，方方冲小贝做了个鬼脸。这第二脚就更有意思了，方方有意把头歪向一边，随便踢了一脚，说来也怪，足球撞墙之后又乖乖地滚到小贝的脚下。第三脚就更绝了，方方脸背着墙，用脚后跟猛力一磕，球碰到墙上照样滚到小贝的跟前。方方踢了 10 次，足球全部弹回到小贝的脚前，神啦!

小贝惊呆了，他怀疑这只足球里面有毛病。他拿起足球用力摇了摇，里面没有什么声音，又托在手里试了试，重量也合适。这到底是怎么回事？

小贝并不认输，他提出也在弧形墙上踢10脚。方方说："可以。"方方趁小贝不注意，悄悄向右移了两步到 A' 点。尽管小贝使出了浑身的解数，10 脚反弹球还是全部落空。小贝也不是傻瓜，他仔细一琢磨，觉得问题出在丁当身上。他找到了丁当问："丁当，你搞什么鬼？愣叫我输给了方方。"

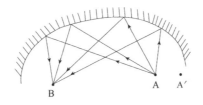

丁当笑着说："我修了道椭圆形的墙。椭圆有个重要性质——从一个焦点 A 踢出来的球，撞到椭圆形墙反弹回来，一定滚到另一个焦点 B。刚才你和方方各站在一个焦点上，因此，不管方方怎样踢，球一定反弹到你的脚下。"

"为什么我踢时，就不灵了呢？"

数学高手

妙用椭圆形

椭圆是平面内到定点 F_1、F_2 的距离之和等于常数的动点 M 的轨迹，F_1、F_2 称为椭圆的两个焦点。

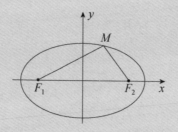

椭圆的面可以将某个焦点发出的光线全部反射到另一个焦点处。故事中，丁当正是利用了椭圆面反射的原理，让小贝和方方分别站在两个焦点上，就可以保证球会从一个焦点反射到另一个焦点。

试一试

为什么老花镜的镜面要做成椭圆形？

"傻小贝，方方趁你不注意的时候向右挪了两步，离开了焦点，球当然不会滚到方方的脚下了。"

小贝生气地质问："你为什么帮助方方来整我？"

丁当小声地说："虽然你输了球，可是方方却告诉我是谁从天窗扔下纸条了。"

"是谁？"

"是圆圆。方方说圆圆一直暗中保护咱俩。"

"两个戴面具的人是谁？"

丁当摇摇头说："方方也不知道。"

小贝眼珠一转："哎，那圆圆一定知道。咱俩何不找圆圆问问。"

"好主意！"丁当向方方打听圆圆在哪儿，方方说圆圆在游艺宫打台球。

丁当和小贝赶到游艺宫，在台球室里找到了圆圆。胖乎乎的圆圆手拿球杆，正噘着嘴生气呢！什么事惹圆圆生这么大的气？丁当站在一旁观察。

　　该圆圆打了。球台上有两个球，圆圆先用眼睛瞄准，然后啪的一声把一个球打了出去。球在台边上碰了几下，从另一个球的旁边滚过。"糟糕，又没打中！"圆圆急得直跺脚，小脸都涨红了。

　　"原来圆圆为打不好台球生气啊！"丁当心里明白了，走过去握住圆圆的手说："圆圆，你好！"圆圆一看丁当来了，非常高兴，把球杆递给丁当说："教教我打台球吧，我总打不着。"

"我也打不好。"丁当接过球杆，连续打了三个球。真漂亮！丁当打出去的球就像长了眼睛，在球台上左碰右撞，最后准确地碰到了第二个球。

"真棒！真棒！丁当，你快教我打吧！"圆圆又蹦又跳，那高兴劲就别提了。

丁当小声对圆圆说："感谢你救了我们。不过，我很想知道两个戴面具的人是谁。"

圆圆眨了眨眼睛，压低了声音说："你教会我打台球，我就告诉你。"丁当点点头说："行！"

7. 落入圈套

丁当想叫圆圆告诉他俩，两个戴面具的人究竟是谁。圆圆却提出先要丁当教他如何打台球，然后再透露

这个秘密，丁当满口答应。

小贝在一旁问："你们俩嘀嘀咕咕说什么呢？"

丁当随口答应说："在谈打台球的事。"丁当从口袋里掏出纸和笔，画了张图。

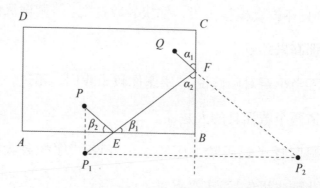

丁当说："球从 P 点出发，在球台边反弹两次，最后撞击到 Q 点的球。这里的关键是什么呢？关键是要 ∠α_1=∠α_2、∠β_1=∠β_2。"

圆圆问："要怎样去打，才能保证∠α_1=∠α_2、∠β_1=∠β_2？"

丁当指着图说："先找到 P 点关于 AB 边的对称点 P_1，再找到 P_1 点关于 BC 边的对称点 P_2。连接 QP_2，与

BC 交于 F 点，连接 FP₁，与 AB 交于 E 点，那么 E 点就是台球第一次要撞击的点。"

圆圆吐了吐舌头："找撞击点这么麻烦？"

丁当笑着说："理论是如此，能否打好还要靠平时多练习。"

圆圆照丁当教的原理，试打了几个球，效果一次比一次好，圆圆挺高兴。丁当追问戴面具的人是谁。圆圆趴在丁当的耳朵上，讲出了两个人的名字，丁当一听，眉头直皱。

小贝没听见，急着打听是谁。圆圆把丁当和小贝拉到一旁说："我跟你们详细说说吧。你们还记得打擂台时，有一个小伙子打擂输了吗？"

小贝点点头说："记得呀，他被你出的第三道题给难住了。"

圆圆介绍说："那个小伙子叫刘金，他争强好胜。丁当在擂台上出题难倒了大家，刘金当时很不服气。他和小不点在台下偷偷商量，要收拾你们一下。"

数学高手

轴对称问题

把一个图形沿着某一条直线对折，如果它能够与另一个图形完全重合，那么就说这两个图形成轴对称，这条直线就是这两个图形的对称轴。本故事中的题目，要保证$\angle\alpha_1=\angle\alpha_2$、$\angle\beta_1=\angle\beta_2$，可以利用轴对称的性质。

故事中的关键是找对称点，我们找到 P 点关于直线 AB 的对称点 P_1，以及 P_1 关于直线 BC 的对称点 P_2，就可以找到符合条件的角，使$\angle\alpha_1=\angle\alpha_2$、$\angle\beta_1=\angle\beta_2$。

试一试

如图所示，直线 L 旁边有 A、B 两点，C 点位于 L 的哪个位置，才能使从 A、B 到 C 的距离之和最短？

$\bullet B$

$\bullet A$

_____ L

小贝惊奇地问："小不点？就是那个钻纸圈的小不点吧？"

"对！就是他！你别看他长得又小又瘦，肚子里的鬼点子还真不少呢！"圆圆瞪着圆眼睛说，"刘金和小不点琢磨的坏主意让我听见了，我哪能看着不管呢！我就在暗中保护你们。他俩戴着面具，拿了两把假枪，把你们关进石头屋。我爬上屋顶，从天窗给你们塞进了一个纸条。"

丁当拉住圆圆的手说："感谢你救了我们。"

小贝紧握双拳，忿忿地说："我一定要找到小不点和刘金，和他们算账。"丁当劝小贝不要把事情闹大。

圆圆告诫丁当说："刘金和小不点还会和你们捣乱的。"

丁当和小贝告别了圆圆，继续向数学宫走去。

路上，丁当劝小贝不要太贪玩，贪玩容易误事，小贝却不以为然。小贝笑嘻嘻地说："我要不踢那一脚球，还遇不上方方呢，也打听不出谁给咱俩使的坏。"

　　突然，一个又瘦又小的人影在前面一闪。小贝用手向前一指，大声叫道："小不点，快追！"说完撒腿就跑。丁当在后面边追边说："小贝，你慢点跑，你看准了吗？"

　　"哎呀！是小不点，没错！"小贝越跑越快。

　　前面有一条小路，小贝顺着小路追了下去。追到一个丁字路口，小贝看见右边有人影一闪，赶紧往右追；又追到一个十字路口，看见左边有人影一闪，小贝又往左追。就这样七追八追，小贝跑得一身大汗，也没追上那个人。

　　小贝一屁股坐在地上，顺手从头上抹了一把汗："咱俩跑得不算慢呀！怎么硬是没追上小不点呢？"

　　丁当低头琢磨了一会儿，突然一拍大腿说："坏了，咱俩上了小不点的当！"

　　"上当了？"小贝赶忙问个究竟。

　　丁当说："你想，小不点引着咱俩左转一个弯儿，右转一个弯儿，把咱俩都绕糊涂了，还能找到原路吗？"

"对呀！"小贝也琢磨过劲来了，他说，"这个小不点真坏！咱俩都让他给骗了。现在怎么办？圆圆还会来救咱俩吗？"丁当摇了摇头。

天渐渐黑了，小贝的肚子也饿得咕咕直叫。不能坐在这儿等着呀！可是，如果毫无目标地乱走，也可能越走越远，想回原路就更难了。两个人正在为难，忽听啪哒一声，一个小纸团落在丁当的脚下。丁当拾起纸团打开一看，上面写着一行字，还画有 9 个圆圈，旁边注明：

图上的 9 个圆圈，代表着 9 个路口。你们正在黑圈的位置，如果能一笔画出 4 条相连的直线，恰好通过 9 个圆圈，这条折线就是你们返回的路线。

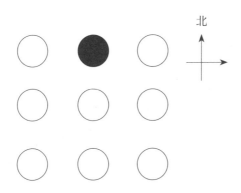

小贝把纸条往丁当手里一塞，说："真难画，我画不出来，你画吧！"丁当一看，这纸已经画得一团黑了，只好又掏出一张纸重画了一张图。

丁当并不急于在图上画直线，他拿着图左看看右看看。当把图向左旋转45°角时，丁当停住了，他端详了半天，才画出了4条直线。

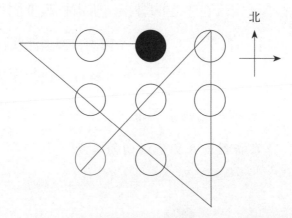

小贝一看，高兴得直拍手，他说："对极了，就是这样连。按照地图的规定——上北、下南、左西、右东，咱俩应该往西走才对。"说着，小贝拉着丁当向西走去。他们过了交叉路口继续往前走，丁当一边走，一边不停地回头向东南方向看。

数学高手

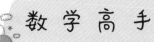

一笔画问题

　　故事要求一笔画出 4 条相连的直线，也是一笔画问题。常规的方法是直线不超出九个圆圈，当无法解答时就要突破局限。

试一试

　　你能不能想出其他的走法？

小贝问："你为什么总回头啊？难道有人跟踪咱俩？"

丁当说："没人跟踪，我是在寻找拐弯的地方。"

"找拐弯的地方？"

"对呀！从图上看，拐弯的地方并不是路口，也没有什么特殊标记。要想找到拐弯处，只有不断地向东南方向看，能看见两个交叉路口的地方才是啊！"

小贝往前走了几步，忽然大声叫道："丁当，你快

来，这里能看见两个交叉路口。"丁当跑过去一看，果然能看见两个交叉路口。丁当把手一挥，两人顺着这条路往前走，走过两个交叉路口，丁当边走边往正北看，当他同时看见三个交叉路口时，就拐弯向北走去。走到第三个交叉路口，又向西南走，走到第二个交叉路口，两个人停住了。

天已经黑了，两个人站在交叉路口东瞧瞧西看看，觉得这个地方非常陌生，不像通往数学宫那条路。

小贝摸摸脑袋："嗯？怎么不对劲呀！"

丁当一跺脚："坏了！咱俩又上小不点的当了！"

"怎么又上当了？"小贝惊讶地问。

"咱俩一直追踪着小不点，并没有见过圆圆的影子，没有理由说明纸团是圆圆扔的。"丁当在分析眼前发生的事情。

"纸团会是谁扔的呢？"

"是小不点扔的！他的目的是把咱俩引入圈套。"

"小不点会摆什么圈套？"小贝有点担心。

天已经完全黑了，周围一片静谧，十分荒凉。两个人在黑夜中默默地站着，一个在为肚子饿而发愁，一个在考虑解脱的办法。

突然，从不远的地方传来几声凄厉的叫声。"啊，狼！"小贝浑身打了个哆嗦。

小贝最怕狼，他紧张地问丁当："有狼，怎么办？"

丁当摆摆手，示意小贝不要出声。丁当侧耳细听狼的嗥叫声，狼的叫声越来越近了……

丁当对小贝耳语了几句，小贝听后直摇头。丁当耐心地又对小贝说了几句，小贝显出无可奈何的样子，皱了皱眉头。

近处又传来两声狼嗥，小贝吓得大叫一声撒腿就跑，边跑边喊："丁当快跑呀！狼来啦！"

小贝跑远了，从路旁的树丛中闪出一个矮小的黑影。只见这个黑影双手捂嘴，发出一声狼嗥。远远地听见小贝带着哭音喊："我的妈呀！快跑吧！"

"哈哈……"黑影发出一阵笑声，接着说，"什么丁当、小贝，我装几声狼叫就把你们吓得屁滚尿流，哈哈。"黑影笑声还没停，后脖子就被人用手卡住了。

"小不点，装狼叫装得挺像啊！"丁当用右手卡住了小不点细细的脖子。

小不点央求说："丁当手下留情，下次不敢了。"

"好个小不点，看你往哪儿跑！"小贝气喘吁吁地跑了回来，抡拳就要打小不点，丁当赶忙拦住。

小贝左手叉腰，右手指着小不点的鼻子问："我们俩什么地方得罪你了，你为什么三番五次地和我们作对？"

小不点有点紧张，支支吾吾地说："你们俩没有什么对不起我的地方。"

小贝生气地大声吼叫："你为什么把我们关进石头屋？又为什么装狼叫吓唬人？"

丁当心平气和地说："你不用害怕，慢慢说。"

小不点摸了摸脖子说："丁当上次打擂获胜，我

们都佩服丁当的基本功扎实、知识面广、脑子活。但
是……"

小贝问："但是什么？"

小不点说："我们还不知道丁当解决实际问题的能力
如何。我和刘金商量，在你们去数学宫的途中，出点难
题考考你们。"

丁当问："考验完了吗？"

小不点点点头说："我要考的都考完了。不过，我劝

你们不要去数学宫，那可不是什么好玩的地方。宫里安装了许多机关和陷阱，弄不好会困在里面。"

丁当笑着摇摇头说："不怕，我们俩是有充分思想准备的。"小不点安排他俩吃了一顿饭，丁当和小贝又继续赶路了。

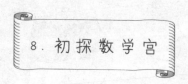

8. 初探数学宫

第二天，丁当和小贝很早就上路了，两人直奔数学宫，边走边提防刘金来捣乱。还好，他们一路并没有遇到什么麻烦。

数学宫占地有两个足球场那么大，金碧辉煌，十分豪华。主体建筑是一座 10 层大楼，上面盖有一个银白色的圆屋顶，在阳光照耀下闪闪发光。一楼和二楼之间用霓虹灯组成 3 个大字"数学宫"。周围是一

个接一个的建筑群。主楼的大门紧闭着，周围静无一人。

小贝小声对丁当说："这么大的数学宫，怎么连一个人都没有呀？真有点吓人！"

丁当说："小不点不是说过吗，数学宫不是什么好玩的地方。要进数学宫，靠的是数学和勇气。走，到门前看看去。"两人小心翼翼地往前走，好像随时会踩到地雷似的。好不容易来到门口，小贝用手推了推门，门推不开。

小贝自言自语地说："也许咱俩来得太早了，人家还没开门哩！"

丁当摇摇头说："听说这座数学宫全部是由电子计算机控制的，从进门开始就要经受一个又一个的考验。"丁当反复地、仔细地打量着这两扇门。

小贝不耐烦地说："你看门有什么用？你能把门看开吗？"

丁当也不理他，只顾一个劲儿地看。突然，丁当喊了一声："小贝，你快看，这里有 10 个按钮。"小贝跑过去一看，门框的外侧从上到下装有 10 个按钮，按钮上写着 0 ～ 9 这 10 个数字。

小贝问："按哪个钮才能打开门呢？"丁当也看着这些按钮发愣。

小贝等不及了，也不管三七二十一，就用指头捅了一下"0"钮，只听里面响起了动听的音乐，从上面飘悠悠地落下一张纸条，纸条上写着：

想进数学宫吗？请你把 1~9 这 9 个数填进下面 9 个

圆圈中，注意：要求被乘数比乘数大。然后按照从左到右的顺序按动相应的按钮，门会自动打开。

$$\bigcirc\bigcirc\bigcirc \times \bigcirc\bigcirc = \bigcirc\bigcirc \times \bigcirc\bigcirc = 5568$$

小贝看完纸条说："填这玩意要靠运气，碰好了，一下子就填对了。"

丁当摇摇头说："不能靠碰运气，要按一定的数学方法来填。"

"那该怎么填？"

丁当说："你用短除的方法，把 5568 分解开。"

"这个容易。"小贝掏出笔和纸做了起来。

```
2 | 5 5 6 8
2 | 2 7 8 4
2 | 1 3 9 2
2 |   6 9 6
2 |   3 4 8
3 |   1 7 4
2 |     5 8
          2 9
```

小贝问："分解完了，往下怎样做？"

"应该按照分解出来的因数，把 5568 写成乘积的形式。"丁当接着往下做：

$$5568 = 29 \times (3 \times 2^6) = 29 \times 192$$

丁当说："这个式子不能要。"

"为什么不能要？"

"29×192，这里面有两个9，重复了。"丁当又往下写：

$$5568=(29×2)×(3×2^5)=58×96=96×58$$

小贝说："这个式子里的数字没有重复，可以要。"

"现在肯定还为时过早。"丁当又接着往下分解：

$$5568=(29×2×3)×2^5=174×32$$

小贝眼睛一亮，高兴地说："成了，这两个乘积中的数字没有重复的。"说完就按照589617432的顺序去按按钮。谁知当小贝按完最后一个按钮时，按钮发出一股电流，一下子把小贝打出好远。"哎哟！"小贝喊了一声，一屁股坐到了地上。

小贝坐在地上，哭丧着脸说："好厉害，电得我浑身直发麻。"丁当赶紧把小贝扶了起来，问："怎么样？不碍事吧？"

小贝活动了一下腰腿说："倒没什么事。可是我没按错呀！是不是你算错了？"

数学高手

横式数字谜

做横式数字谜，首先，仔细审题，根据数与数之间的关系，找到突破口；其次，运用四则运算法则、数字拆分等大胆尝试；最后，验算是否正确。故事中是一个乘法运算，把积用短除法分解开，就很容易找到符合要求的数字。

试一试

在□中填上适当的数字，使等式成立。

$$368=\square\square \times \square\square$$

"我没算错，还是你按错了。你看看这纸条上的排列顺序。"小贝一看纸条，连声叫苦。纸条上明明写着○○○ × ○○ = ○○ × ○○ =5568，小贝却是按照○○ × ○○ = ○○○ × ○○ =5568 的次序来按的。丁当重

新按照 174329658 的顺序来按钮，随着一阵悦耳的音乐声，数学宫的两扇大门慢慢地打开了。

"开门啦！开门啦！"小贝高兴得又蹦又跳，拉着丁当一阵风似的跑进了数学宫。

啊！里面漂亮极了。一进门是大厅，用红色大理石修成，上方悬挂着一盏十分精致的水晶灯。水晶灯变换着发出各色光束，整个大厅也不断地改变着颜色，给人一种神秘的感觉。

忽然，小贝指着地面说："多怪呀！丁当你快看，这铺地的方砖上有许多亮点。"丁当低头一看，真的，每当水晶灯的光束照到地面的时候，方砖上就显露出数目不同的亮点。

"这些亮点是什么意思？"

丁当摇摇头说："不知道，需要仔细观察。"丁当掏出笔和小本，边观察边在本子上记着什么。过了一会儿，小贝伸头一看，丁当在本子上已经画好了一个图。

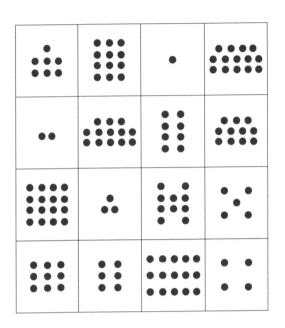

"这究竟是什么？"

"是四阶幻方。我用阿拉伯数字写出来就清楚了。"说着，丁当又画了一张图，中间写上阿拉伯数字，多少亮点，数就写多少。

7	12	1	14
2	13	8	11
16	3	10	5
9	6	15	4

"幻方？老师上课没讲过啊！"

"课本上没有，我是从课外书上看到的。"

　　小贝对幻方很感兴趣，他对丁当说："给我讲讲好吗？"

　　丁当说："这个四阶幻方，不管你把横着的 4 个数相加，还是把竖着的 4 个数相加，或者把斜着的的 4 个数相加，其和都是 34，这叫作幻方常数。"

　　小贝等丁当说完，在大厅里转了一圈，对丁当说："这个大厅有两个形状不同的门，咱俩进哪个门？"

　　丁当说："需要仔细考察一下。"

　　第一个门是长方形门，横着的门框上写着"2"，立着的门框上写着"17"。

　　"什么意思？"小贝搞不清楚。丁当看了看也直皱眉头。真的，一个 2，一个 17，究竟是什么意思？是密码，还是暗号？

　　第二个门是个圆门，圆门的半径写着 15。小贝等不及了，他推开圆门就往里闯，丁当一把没拉住，小贝已经进了门，丁当也只好跟着走进了圆门。圆门

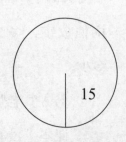

喔当一声，又自动关上了。

圆门外是个花园，绿树成荫，一条弯曲的小径通往林荫深处。小路两边盛开着绚丽的花朵，美丽的小鸟在枝头跳跃歌唱。小贝深深吸了一口花香，高兴地说："数学宫是个鸟语花香的好地方。"两人沿着小路边说边走。

丁当说："咱俩不应该进圆门，应该进长方形门。"

"为什么？"

"你想啊！地面上的四阶幻方不会是白写的。我心算了一下，不论是圆门的周长还是面积都和四阶幻方常数 34 无关。只有长方形的面积是 34。"

小贝不信，他美滋滋地说："咱们进了圆门不也就进了数学宫吗？"正说着，两人远远看见前面有一座 10 层大楼，银白色的屋顶在阳光下闪闪发亮，由霓虹灯组成的"数学宫"三个大字光彩夺目。

小贝惊愕地说："怎么回事？咱们走出了数学宫，跑到外面来了！"

数学高手

四阶幻方

将16个数填在四阶幻方中，使得每一行、每一列、每条对角线上的四个数之和相等。幻方常数＝所有数的和÷4。

四阶幻方构成方法为两句话：顺序填数；以中心点对称互换数字。以故事中1~16构成的四阶幻方为例：

（1）先把1放在四阶幻方四个角的任意一个角格，按同一个方向依次填写其余数。

1	2	3	4
5	6	7	8
9	10	11	12
13	14	15	16

（2）以中心点对称互换数字，有两种方法：

①以中心点对称交换对角线上的数（即1与16、4与13、6与11、7与10互换），完成幻方，幻方常数=34（见图1）。

②以中心点对称交换非对角线上的数（即2与15、3与14、5与12、8与9互换），完成幻方，幻方常数=34（见图2）。

16	2	3	13
5	11	10	8
9	7	6	12
4	14	15	1

图1

1	15	14	4
12	6	7	9
8	10	11	5
13	3	2	16

图2

数学高手

试一试

将 2~17 这 16 个数填入下面各方格里，使每行、每列及每对角线上四个数的和都等于 38。

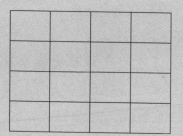

9. 再探数学宫

丁当、小贝好不容易才进了数学宫，由于小贝错进了圆门，两人不知不觉又从旁门走了出来。

小贝懊丧地说："真倒霉！咱俩又绕出数学宫了。"

丁当笑着说："别灰心，咱俩既然能绕出来，就能再绕进去。"

"对！咱俩在弯弯绕国里来个绕弯弯。"两人边说边笑，又来到了正门。

小贝问："丁当，你还记得开门的号码吗？"丁当摇摇头。小贝说："那只好再算一遍了。"根据上次的经验，开门应该先按门框上的按钮。小贝"噌噌"三蹿两跳到了大门口，他用右手按了一下"0"钮。小贝侧耳细听，等待着里面响起动听的音乐，然后从上面飘下纸条来。不知怎么搞的，这次听不到美妙的乐曲，而是巨大的咚咚声由远及近。小贝还没弄清楚是怎么回事，大门哗啦一声打开了，从里面走出一个高大的机器人，它每迈一步都发出咚的一声巨响。

机器人对小贝说："你找我有什么事？"

"我找你？不，我没找你。我想进数学宫，忘记进门的号码了。"可以看出小贝的心里挺害怕。

机器人说："进门的号码是不断变化的，上次的号码这次不管用啦！"

小贝小心地问："这次进门的号码，我到哪里找啊？"

"号码就在我胸前。"说着，机器人拉开前胸的一个盖子，里面出现一排 10 个红灯，有的亮，有的不亮。

机器人说："你如果能正确辨认出我胸前的号码，就

能顺利进宫。如果认不出来或认错了，我就把你扔出去。"说着，机器人把大手一张，冲着小贝就要抓。

"丁当救命，丁当救命！"小贝双手捂着脑袋，一个劲儿地叫丁当。其实，丁当早就站在他身后了。

丁当对机器人说："好！咱们就一言为定了。"机器人见丁当答应它提出来的条件，就安静地站在那里。丁当和小贝仔细观察这 10 个红灯。

小贝小声对丁当说："这里只有 10 个红灯，哪有数字啊？"

丁当正在低头琢磨什么，他慢慢地说："弯弯绕国是个数学水平很高的国家，咱们考虑问题应该把面想得宽一些。"小贝没什么办法可想，搓着双手来回走着。

"小贝，我想起来啦！"丁当说，"10 个红灯，有的亮，有的不亮，它可能表示的是二进制数。"

"可能？如果说得不对，机器人可要把咱俩扔出去了，咱俩谁也别想活！你可别开玩笑。"

丁当笑着说："你顶球的劲头到哪里去了？你往后

靠，机器人要扔就扔我。"

"开个玩笑。"小贝问，"这红灯怎么能表示二进制数？"

"二进制数只有 0 和 1 两个数字。红灯只有亮和不亮两种状态，每种状态都表示一个数字。"

"那一定是亮表示 1，不亮表示 0 喽！"

丁当点点头说："你说得对！十进制数是逢十进一，而二进制数是逢二进一。我给你列个表就清楚了。"说着丁当就画了个表。

二进制数	1	10	100	1000	10000	100000	1000000……
十进制数	1	2	4	8	16	32	64……
计算方法	2^0	2^1	2^2	2^3	2^4	2^5	2^6……

"噢，我明白了。二进制数中有几个零，换算成十进制数就是 2 的几次幂。"

丁当指着红灯说："你按着从左到右的顺序，把机器人胸前的二进制数写下来。"

"亮、不亮、亮、亮、不亮、亮……"小贝写出的结果是1011011100。

"你把它再换算成十进制数。"

"从右往左数,第 10 位上是 1,它等于 2^9=512;第 9 位是 0,就不用算了;第 8 位、第 7 位都是 1,它们分别等于 2^7=128、2^6=64;同样,第 5、4、3 位上是 1,各等于 2^4=16、2^3=8、2^2=4。最后把这些数相加:

$$512+128+64+16+8+4=732。$$"

"算出来了,得 732。"小贝非常激动,跑到大门边用力按了 7、3、2,一阵悦耳的乐曲声过后,大门又徐徐地打开了。

机器人说:"请进,数学宫的大门,永远向着数学爱好者敞开!"丁当、小贝迈着大步走进了数学宫。

进宫一看,地上的四阶幻方没变,他俩来到长方形门前。

数学高手

二进制与十进制

二进制转十进制，从最低位（最右）开始算，位上的数字乘以本位的权重，权重就是2的位数减1次方，如第2位就是$2^{(2-1)}$，第8位就是$2^{(8-1)}$，最后把所有的值加起来即可。比如二进制1011，换算成十进制就是：$1\times2^{(1-1)}+1\times2^{(2-1)}+0\times2^{(3-1)}+1\times2^{(4-1)}=1+2+0+8=11$。

十进制转二进制，将这个十进制数除以2，得到的商再依次除以2，能整除的记录0，不能整除的记录1，直到商为1，将所得余数倒序排列即可。

如将52转换成二进制，依次除以2后，得到的余数分别是0、0、1、0、1、1，倒序排列，110100即为52转化成二进制后的结果。

2	52	……0
2	26	……0
2	13	……1
2	6	……0
2	3	……1
	1	……1

试一试

把二进制数100101110转换成十进制。

"四阶幻方常数是 34，准是进这个门。"丁当开门就往里走。小贝不放心，在后面喊："先别进去！探头看看是不是又出去啦？"

"小贝，快来看，这里面有许多小朋友。"小贝进门一看，只见一群孩子正在机器人阿姨的带领下做游戏。孩子们看见丁当和小贝进来了，就拍着手喊："欢迎两位大朋友和我们一起做数学游戏。"孩子们拉着丁当、小贝围成一个圈儿，大家拍着手，一个小女孩和着拍子在圈里边跳边唱：

"一二三四五，上山打老虎。

老虎不吃人，专抓小笨球。"

歌声一停，小女孩一把抓住了小贝。孩子们欢呼着："抓到喽！抓到喽！"

小贝心想，既然被人抓住了，就痛痛快快地表演个节目完了。小贝不大会唱歌，他张嘴学了几声狗叫，叫完就走。谁知机器人阿姨不答应，指着墙上的几个大字说："你看，这里是数学游艺会，所有的活动都要和数学

挂上钩才行。学几声狗叫怎么能成？"

小贝心里暗暗叫苦："我这几声狗叫算是白学了。"小贝说："可是，我除了学狗叫，不会表演别的呀！"

机器人阿姨说："这样吧，我出个数学问题，你如果能解出来，也就代替表演了。"没有别的办法，小贝只好点头同意。

机器人阿姨找出 49 个小朋友，每人胸前都贴上一个号码牌，号码从 1 到 49 各不相同。

机器人阿姨对小贝说："请你从中挑选出若干个小朋友，让他们排成一个大圆圈，使任何相邻小朋友号码的乘积小于 100。你最多能挑选出多少个小朋友呢？"

小贝可为难啦：当着这些小朋友的面，自己怎么能说不会呢？

小贝一没主意就看丁当，意思是希望丁当帮帮忙。丁当当然心领神会了，说道："这样吧，我的这位同学表演了一个节目，这个问题由我来解，行吗？"机器人阿姨点了点头。

为了使小贝能学会这种做法，丁当边做边说："由于两个两位数相乘积大于或等于100，因此，任何两个两位数都不能相邻。"

小贝一看由丁当出面来做，又来了精神。他对小朋友说："这可是关键！"

丁当说："从1到49只有9个一位数，把这9个一位数围成一个圆圈，每两个一位数之间插入一个两位数，最多插入9个，合起来共18个。"

小贝宣布："最多能挑出18个小朋友。哈，解决了！"

机器人阿姨对丁当说："你能正确回答出这个问题，说明你有能力继续在数学宫内探索，你进北门吧。"

小贝赶紧问："我呢？"

机器人阿姨说："你的数学水平还比较低，留下来继续和小朋友做数学游戏吧！"

"啊!"小贝瞪着大眼睛,张着大嘴,一时不知说什么好。

数学高手

插空排列问题

插空法是解排列组合问题的重要方法之一,主要用于解决"不邻问题"。即在解决与某几个元素不相邻的问题时,先将其他元素排好,再将指定的不相邻的元素插入已排好元素的间隙或两端位置,从而将问题解决。

试一试

一条马路上有编号为1、2、3……9的9盏路灯,为了节约用电,可以把其中的3盏关掉,但不能同时关掉相邻的2盏或3盏,请问有多少种不同的关灯方法?

10. 只身探索

　　丁当也想说几句，可是机器人阿姨不容分说，用有力的双手把丁当推进了北门，咣当一声把门关上了。

　　丁当真不放心小贝，他用力拉门，高喊："开门，开门！"可是，门关得死死的，只听到门那边的小朋友又唱起了儿歌：

　　"一二三四五，傻子不识数。

　　五四三二一，捉住老母鸡。"

　　接着是"噢，捉住喽！捉住喽！"的一阵叫好声和拍手声。

　　"唉！"丁当叹了口气，心想他们又在给小贝出难题了。丁当等了好一会儿，也不见小贝出来。没办法，只好自己先往前走。

　　这间屋子不大，布置也很简单，四面是白墙，中间只有一张桌子和一把椅子。丁当觉得有点累，一屁股坐

在椅子上。谁知，刷的一声响，对面墙上出现了一个巨大的荧光屏，一位白发苍苍的老爷爷微笑着对丁当说："你找我有什么事啊？"

"我……"丁当心想，自己没找这位老爷爷啊！丁当低头一看，见桌子上写着一行字：

如有数学问题想请教数学老博士，就坐在这把椅子上。

丁当灵机一动问道："我有位同学被关在南面那间屋子里，您有办法让我们见面吗？"

"噢，"老博士笑着说，"肯定地说，你那位同学的数学不是很好，他还不会有什么困难的数学问题来问我。"

"可是，我们两人是一起来的，我怎么可以把他一个人扔下呢？"

"小伙子，你给我出了道不是数学的难题呀！"老博士摇摇头说，"学习要靠自己，别人是代替不了的。我只能帮助你回到南面的房间去，没办法让你的同学到这间屋子来。"

丁当高兴地说："我回去也成啊！"

老博士用手一指南门说："你看，南门上有一把钥匙，你用手指一次把它画出来。手指中途不许离开，所画的道不能有重复。如果你画得合乎要求，南门会自动打开。"

丁当回头一看，果然南门上映出一把巨大的钥匙。

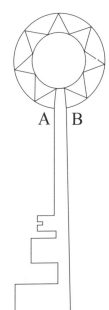

"从哪个点入手画呢？"丁当望着钥匙在认真思索。

他低头在纸上画了几个简单的图形，因为他知道，研究任何事物总是从简单到复杂。先要从简单的事物中寻找出规律，再去解决复杂的问题。

丁当随手画了一个风筝形，他从 B 点入手画，按着顺序 B → A → E → C → D → B → C 来画，一笔画成，中间没有重复。

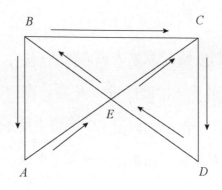

丁当又试着从 A 点出发，可是他怎么画也不能无重复地一笔画出来。

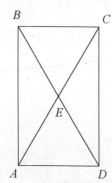

丁当又画了个长方形，连接它的两条对角线。丁当不管从哪点出发，也不能无重复地一笔画出来。

丁当画了一个品字形。他发现不管从哪点出发，总可以不重复地一笔画出来。

他看着这三个图，认真观察每个图、每个点的特点。忽然，他恍然大悟，疾步奔到南门，用手指从钥匙上的 A 点出发，先画出中间的

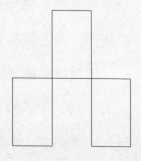

小圆，再画出锯齿形花瓣，又往下画出钥匙身，最后画出大半个圆到了 B 点。一笔画成，中间没有重复。

丁当刚刚画完，南门就自动打开了。丁当想迈腿进去，只听老博士在后面喊："同学慢走。钥匙上那么多点，你为什么偏偏选择从 A 点起画、B 点终止呢？"

丁当拿出自己画的三张图说："从这三张图中我发现，图中的点有两种。一种是偶点，从偶点引出的线有偶数条；一种是奇点，从奇点引出的线有奇数条。我还发现，如果一个图中只有偶点，比如品字形图中都是偶点，这样的图不管从哪点出发，总可以不重复地一笔画出来。"

"很好！"老博士点点头说，"如果图中有奇点呢？"

"如果只有两个奇点，比如风筝形中的 B 点、C 点，可以从一个奇点入手，到另一个奇点终止，不重复地一笔画出来。"

"如果奇点多于两个呢？"

"奇点多于两个，不可能一笔画出来。根据这些规律，我观察到钥匙中只有 A、B 两点是奇点。我就从 A 点出发到 B 点终止，一笔画了出来。"丁当回答道。

数学高手

一笔画问题

故事中的问题是一笔画的典型代表。一个图能否一笔画成，不在于图形是否复杂，而在于图形中点和线的连接情况。归纳丁当的解题思路，可以得出一笔画的判定法则：有 0 个或 2 个奇点的连通图能够一笔画成，否则不能一笔画成。

试一试

判断下图能否一笔画，如果可以，请画出来。

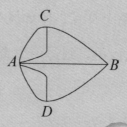

老博士高兴地说："你具有的观察和分析能力，将使你在学习上有长足的进步。预祝你成功。"

"谢谢！"丁当大步跨进南屋寻找小贝。机器人阿姨还在领着小朋友做数学游戏，可是小贝却不见了。

丁当忙问："小朋友们，我的伙伴哪里去了？"

一个梳小辫的女孩说："你的伙伴只能回答出一个简单数学题，机器人阿姨把他送出南门了。"

"谢谢你！"丁当直奔南门而去。南门一推就开，进门是通往地下室的楼梯，丁当顺着楼梯往下跑，边跑边喊："小贝，你在哪儿？"他跑到地下室打开门一看，里面黑洞洞的，挺吓人。丁当向里面小声喊了几声，没人回答，只听到里面有一种微弱的特殊声音。

"坏了，小贝丢了？出事了？"丁当心里一急，又沿着楼梯跑了上去，一拉门，拉不动。这可怎么办？丁当坐在楼梯上歇歇，尽量使自己冷静下来。他认真考虑眼前发生的一切事情：刚才回答我问题的小女孩，看她那天真烂漫的样子，不像在骗我。可是，小贝真的下到地

下室了吗？为什么我叫他，他不答应呢？地下室又为什么不亮灯呢？那种特殊声音又是什么？不成，我还要下去找找，也许地下室在构造上有什么特殊的地方。

丁当又跑下楼梯，看看地下室的门口有没有电灯开关。他站在门口向里面喊了两声，里面有点儿动静。丁当又往前走了几步，大声喊："小贝，你在哪儿？"

"丁当，我在这儿！"两个人在黑暗中摸索，终于手碰到了手。

丁当问："我刚才叫你，你怎么不答应啊？"

小贝说："我在黑洞洞的地下室待了好半天，刚才我好像听到你在叫我，不过声音很小，我还以为是幻听呢！"

"你到地下室时，里面就是黑洞洞的吗？"

"不，里面挺亮。我是走到一个地方，灯才突然熄灭的。"

"这间地下室大吗？是什么形状的？"

"屋子很大，是椭圆形的，四周有壁画，漂亮极啦！"

"你大概走到什么地方，灯突然熄灭的？"

"在中间靠里一点的地方。"

丁当思考着、分析着。突然，他往门口走，在楼梯口附近来回地走。当他的脚踩到一个地方时，灯一下子全亮了。

"太好啦！太好啦！"小贝高兴地跳起老高。

小贝问："你跑到门口走了几圈，怎么灯就亮啦？"

"一切奥妙都在这个椭圆的结构上。"丁当在纸上画了个椭圆，"椭圆有两个焦点 F_1 和 F_2，它有个奇妙的性质，就是从一个焦点 F_1 发出来的光或声音，经椭圆的反射，都集中到另一个焦点 F_2 上。"

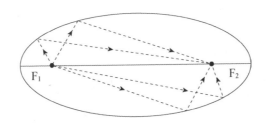

丁当指着楼梯说："你看，楼梯口正好修在一个焦

点上。我在楼梯口喊你，由于屋子比较大，咱俩又离得
远，直接传到你耳朵里的声音很弱，而反射的声音，经
椭圆形墙壁的反射，都集中到另一个焦点上了。如果
当时你恰好在另一个焦点上，你会听得很清楚，不然的
话，就听不太清楚。"

"除了墙壁反射声音，还有屋顶和地面哪！"

"你看，屋顶上镶嵌着一层浅绿色的天鹅绒，地面
铺着地毯，这些东西反射声音的效果都很差，主要靠墙
壁反射。"

"灯光又是怎么回事？"

"开灯的按钮装在楼梯口这个焦点上，关灯的按钮
装在另外一个焦点上。由于都藏在地毯下面，只有踩上
才起作用。"

"你刚才找我时，为什么没踩上？"

"由于太黑，我是扶着楼梯的扶手下来的，正好没
踩在焦点上，所以灯没亮。哎，小贝，你刚才在屋里干
什么呢？"

数学高手

椭圆焦点巧利用

从一个焦点发出的光或声，经椭圆反射后都会集中到另一个焦点上。故事中就是利用椭圆的这个性质，把楼梯口修在一个焦点上，有人在楼梯口喊，站在另一个焦点上的人，即便离得很远，也能听到对方声音。

试一试

你还知道哪些巧用椭圆焦点的实例？

"我能干什么！无非是到处瞎摸呗。"

"这么说，我刚才听到的声音，是你在地毯上走动的声音。"

小贝拉着丁当就往外走，说："趁着灯光还亮，咱俩赶紧上楼回去吧。"

　　丁当摇摇头说："我试过了，门打不开，不能回去。"

　　"可是，这里连第二个门都没有，难道咱俩总待在这里看画？"

　　丁当不搭话，只顾一个劲儿地看画，小贝急得直跺脚，问："你还有心思看画？"

　　丁当不慌不忙地说："要想找到门，只有从画上找。"

11. 画 谜

　　丁当和小贝被困在地下室了。地下室的门拉不开，里面又没有别的门，小贝急得火冒三丈，可是丁当一点儿也不着急，他一心一意欣赏着四周的壁画。

　　如果仔细看可以发现，这里的每一幅画都是一道数学题。其中有一幅画吸引了丁当，这幅画的名字叫"胖小送信"。画上有一个胖胖的小孩，手里拿着一大摞信。画上写着一行字，要求胖小从 A 点出发，沿图上画的道路往每家送一封信，最后进入在 B 点的大门。要求所走过的道路不重复。

　　丁当对小贝说："你如果能按着图上的要求，用手指从 A 画到 B，门自然就会有了。"

　　"真的？"小贝不大相信。

　　"你就画吧，画法还不止一种呢。如果画得对，就一定能画出这个门来。"丁当已经有经验了。

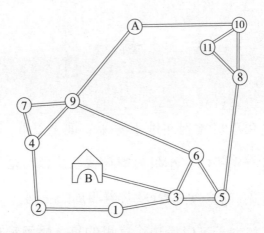

小贝看了看，就要从 A 点往 9 号住宅画。丁当赶紧喊："慢着，你往 9 号住宅画，往下怎么画你心中有数吗？"

小贝满不在乎地说："走一步算一步呗，天无绝人之路，有道是'山重水复疑无路，柳暗花明又一村'嘛！"几句挨不着边的话，弄得丁当哭笑不得。

"从 A 到 9 肯定不成！"

"为什么？"

丁当指着图说："如果从 A 先到 9，要送信到 8，必须从 5 到 8，而从 5 到 8 只有一条路，进去就不能出来，不然就会走重复路。"

"对,的确是那么回事。那咱们就从 A 先往 10 送信吧。这一次肯定能成功。"本来这条路就不难走,小贝很快就从 A 画到 B, 走的路线是 A → 10 → 11 → 8 → 5 → 6 → 9 → 7 → 4 → 2 → 1 → 3 → B。

小贝刚刚画完,这幅画就慢慢地升了上去,画的后面原来有个门。小贝很高兴,抬腿就进了门,里面是弯弯曲曲的小胡同。两个人一前一后,顺着小胡同一个劲儿往前走,也不知走了多远,前面又出现了个门,小贝噌一下蹿了进去,丁当也跟着进了门,只听一声响,这扇门自动关上了。两个人向四周一看,愣住了,转了半天,怎么又转回到椭圆形地下室了?

"咳!这是成心绕人玩!"小贝生气地一屁股坐到了地毯上。

丁当琢磨了一下说:"弯弯绕国安排这么个门,也许是想告诉人们一个哲理。"

"什么哲理?"

数学高手

一笔画

故事中的题目要求从 A 点出发，最终来到 B 点，并且所走过的路线不能重复，这是变相的一笔画问题。这种题目相对比较简单，可以先用笔在纸上画一画。找出点与点联结的规律，尝试再总结，就可以找出合理的路线。

试一试

故事中给出的路线是 A → 10 → 11 → 8 → 5 → 6 → 9 → 7 → 4 → 2 → 1 → 3 → B，你能不能想出其他的走法？

"你刚才画的那个图，是个非常容易画的图。但是，在数学上想专挑容易的问题来做，不想花力气，只想找窍门，就会像咱俩所走的道路一样，最后只能返回出发点，不可能前进一步！"

　　“你说的也许有点儿道理，”小贝点点头说，“这次咱俩专找有难度的问题来做，你看怎么样？”

　　“好的。”丁当和小贝又仔细端详起这些壁画，看了一遍又一遍，什么门也没发现。

　　“没门儿呀！”小贝说了句一语双关的话。

　　丁当站在一幅画前看个没完，小贝走过去一看，画上有几个队员在踢足球，只见一个队员拔脚怒射，球平着向右飞出去，至于球飞向哪儿，画上可没有画出来。

丁当回头问小贝："这里正赛足球，你这个足球迷为什么不过来看看？"

"射门的队员距离球门大约 25 米，这是个'平射炮'，直奔大门飞去。"小贝以内行的口吻在评论这个踢球动作。

"你敢保证这是射门动作？"

"凭我专业人士的眼光绝对没错，传球没有这样踢法的，肯定是射门！"

丁当笑着说："这下就有门了嘛！"

"画出来，你就容易找到了。看来这个球门需要咱俩好好找一找。"丁当顺着球飞出去的方向细心寻找球门。

右边第一幅画，画的是一棵不知名的小树，小树上面没有树梢，可是分权挺多；第二幅画的是两只鸭子；第三幅画的是一个小孩领着一条狗……没有球门啊！

突然，小贝喊道："丁当，你快看，这儿有字！"丁当跑过去一看，不知名的小树下面，写着几行很小又很模糊的字：

　　这棵小树生长新枝是有规律的，它刚刚长出了一茬新枝，并且每根老枝和新枝上都结了一个小红果。不知从哪里飞来一只足球，像刀削一样把老枝、新枝和小红果都碰掉了。你一定会问小红果跑到哪里去了，如果能算出小红果的个数 m，从这幅画向右数，第 m 张画上有个球门，足球和小红果都在球门里。

　　小贝高兴地说："这回可有门了。咱们就算算小红果有多少个吧！可是，怎么个算法呢？"

　　"关键是找出这棵小树的生长规律。咱俩来个比赛吧！看谁能先找到这个规律。"丁当和小贝目不转睛地看着这棵无名小树。

　　没看多久，小贝忙说："我观察出来啦！"

　　"什么规律？"

　　"每长一根新枝，必然要长一片新叶。"

　　"嗨！你找的是生物规律，咱们要找的是数学规律。"两个人又看了一会儿，小贝忍不住了，小声问丁当：

"你看出什么数学规律没有？"

"我观察出一个规律，你看对不对？"丁当在纸上画了张草图，又画了几条水平虚线，在旁边写上树枝的数目：1、2、3、5、8、?

丁当指着图说："如果能算出削掉的那一层树枝数，就可知道小红果的数目 m 了。"

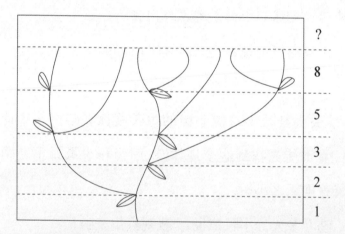

小贝摸着脑袋说："前三个数是 1、2、3，挺有规律，忽然缺少个 4，有了 5，又缺 6 和 7。这缺三少四的怎么找规律呀？"

丁当在纸上写了几个式子：1+2=3, 2+3=5,

3+5=8，5+8=？

　　小贝一看，大声说："对，对！再往上是 13 根枝，13 根枝就有 13 个小红果。噢，知道啦！ m=13。"小贝向右数画，数到第 13 张，哪里有球门？哪里有足球和小红果？画上是一个小孩坐在计算机前，正要用手往下按一个红色电钮。

　　"没有球门?"丁当边想边用手按了一下红色电钮。真怪！这幅画转了个 180°，在画的后面还有一幅画，画的是一个足球门，门里有一只足球和 13 个小红果。接着这幅画往上一提，露出个门来。小贝非常高兴，低头就往门里钻。小贝上身刚钻进去，只听咚的一声响，小贝又马上抽身出来了，只见他脑袋上撞起一个小包。

　　"我的妈呀！谁知道这门里还有一道门。"不过小贝这一撞，亮了里面的一盏灯。丁当探头往里一看，见门上画了两幅画，一幅是一个人在吃兔子，另一幅是一大群兔子在咬人。在两幅画中间还画了个大问号，门的下半部写了许多字。

数学高手

寻找数的规律

　　做寻找规律的题目，关键是多看、多想、多尝试，利用四则运算或者乘方找到各个数之间的关系。如本故事中的题目，根据题意，每一层树枝的数目和小红果的数目相等，只要找出每层树枝中数目的规律就可以了，由此就变成找数的规律。除了第一项、第二项，从第三项开始，后一项等于前两项之和。找出规律就能解出题。后面提到的兔子生兔子也是同类问题。

试一试

　　先找规律，再填数。

3×4=12

33×34=1122

333×334=111222

3333×3334=11112222

33333×33334=（　　　　　　　）

　　700 多年前，意大利数学家斐波那契提出了一个
"兔子生兔子问题"。问题是这样的：从前有个人把一对
小兔子放在一个围栏里，想知道一年后有多少对兔子生
出来。他是按着一对大兔子 A 一个月可以生出一对小兔
子 B，再经过一个月，一对小兔子 B 又可以成长为一对
大兔子 A 的规律来计算的。你来算算一年后围栏里一共
有多少对兔子。照这样的速度繁殖兔子，10 年后，到底
是人吃兔子呢，还是兔子吃人？如能正确地回答出上述
问题，一个更加美妙的世界在等着你！

　　小贝摇摇脑袋说："这弯弯绕国净提出些稀奇古怪的
问题！连'人吃兔子，兔子吃人'也成了问题？谁见过
兔子吃人？真新鲜！"

　　"刚才计算小红果的数目，现在计算生兔子问题，
我看都是在用数学方法研究某些生物的生长规律，我觉
得挺重要。"

　　"一会儿大兔生小兔，一会儿小兔又长成大兔，越
生越多，越多越乱！"小贝有点不耐烦了。

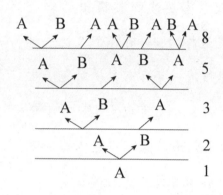

"生兔子和无名树生长，我看是一个问题。生兔子的规律也可以通过画图来寻找。"说着，丁当在无名树生长图旁边又画出一张兔子生长图。

小贝在一旁看出点门道，他说："哎，这每长出一根新枝，就相当于新生一对小兔子，旁边的数字完全一样啊！"

"按照后面一个数都等于前两个相邻数的和，你算算12个月后这个围栏里将有多少对兔子？"丁当说。

"这个好算，"小贝用口算，"5加8等于13，13加8等于21，21加13等于34……89加144等于233。算出来啦，一共有233对兔子。"

丁当说："可真不少啊！第二年就有4万多只兔子，而且越往后增加得越快。"

"照这么说，将来一定是兔子吃人喽！听说澳大利亚过去没有兔子，后来有人从外面带去了几只兔子。这些兔子在良好的环境下繁殖得特别快，后来澳大利亚的兔子就成灾啦！"小贝还真知道不少事儿。

丁当摇摇头说："兔子生长得再快，也不会对人类构成很大的威胁。兔子本身要死亡，人类完全可以控制兔子的繁殖，不会出现兔子吃人的。"丁当的话音刚落，这道门就自动打开了。啊！里面是间闪闪发光的金屋子。

12. 金屋子里的奥秘

两个人跑进金屋子里一看，嗬！全是金的，墙壁是金的，窗户是金的，桌子和椅子也是金的，连地面也是金砖铺的。屋子正中的墙上，镶嵌着一块金牌，上写三个大字——"黄金屋"。下面还有几行小字：

　　黄金屋里的所有物品和建筑都和黄金数有关，如果你能把屋里的黄金数都找到，将会出现一架金梯子。顺着这架梯子往上走，你将登上数学宫的最高层。

　　小贝看完牌子说："得，进了黄金屋还要找黄金数。我连黄金数是多少都不知道，到哪里去找啊？我这个足球前锋，现在是英雄无用武之地喽！"

　　"眼看就要闯出数学宫了，你怎么打退堂鼓啦？"

　　小贝问："你知道什么是黄金数吗？"

　　"我知道黄金分割的事，黄金数也从书上看到过。可是时间一长，我把黄金数给忘了。"

　　"好嘛，你都忘了，我更没辙了。咱俩就在这高级金屋子里待着吧！"小贝坐在椅子上直喘粗气。

　　"既然每件物品上都有黄金数，咱们具体量量不就能量出来吗？"说着，丁当就动手测量金椅子面的长和宽，长是 1.9 尺，宽是 1.174 尺，做除法 $1.174 \div 1.9 \approx 0.618$。

　　"啊，我想起来了！黄金数近似等于 0.618。不信，我再给你量量这扇长方形窗户的宽和高。"宽是 3.09 尺，高是 5 尺，3.09÷5=0.618。

丁当说："我还记起了著名天文学家开普勒的一句名言——'勾股定理和黄金分割，是几何学的两大宝藏'。"

"既然知道了黄金数，咱俩就动手找吧。"小贝和丁当就把屋子的长和宽、屋门的长和宽、铺地金砖的长和宽都量了一下，发现它们的比都是黄金数。

小贝问："每件物品都按黄金数来设计，有什么好处？"

丁当说："两千多年前的古希腊人就非常重视黄金分割，他们认为只有符合黄金分割的建筑，才是最美的建筑。"

丁当指着一尊人体金塑像说："古希腊数学家还认为人体中含有许多黄金数。比如，从肚脐到脚底的距离与头顶到脚底的距离之比是 0.618，从头顶到鼻子的距离与头顶到下巴的距离的比也是 0.618。"小贝实地测量了一下塑像，果然如此。

能够量的都量了，能找的都找了，最后剩下两件物品可把丁当和小贝难住了。一件是圆圆的金桌面，另一件是一盆金枝金叶的金花。

丁当心想：这圆里也有黄金分割吗？这盆花里也藏有黄金数？

小贝用尺子把枝高、叶长、叶宽量了个够，也没算出 0.618 来。他又累又气，趴在圆桌面上休息。

突然，小贝大叫了一声说："怪！怪！这圆桌面上还有奥妙啊！丁当，你快趴下来看。"

丁当趴在桌面上斜着一看，看到从桌面的中心引出三条半径，把圆分成三个扇形。这三个扇形的顶角分别写着 137.50776°、137.50776° 和 84.98448°。

"这是什么意思呢？"丁当心里在琢磨。

"这些角度一定和黄金数有关，不信，咱们就除一除看。"说着，小贝就做了个除法：

$$84.98448° \div 137.50776° \approx 0.618034$$

"你瞧！这不是出现了 0.618 吗？"丁当用力拍了一下小贝的肩头，"小贝，真有你的！圆里的黄金数也叫你找到了。如果把 137.50776° 所对的圆弧长定作一个单位长，那么 84.98448° 所对的圆弧长就近似为 0.618 个单位长。"

小贝用手指着金花说："就剩下这盆高贵的金花了，它的黄金数又藏在哪儿呢？"小贝和丁当围着这盆花转了一圈又一圈，仔细观察。

小贝半开玩笑地说："这弯弯绕国可真厉害，你不想绕圈都不成。"丁当听了小贝的话猛地站住了，他把花端到了地上，然后从上往下看。

小贝奇怪地问："你这样看，能看出点什么名堂？"

"小贝，你从上往下看。你看这叶子间所夹的角和圆桌面上的半径所夹的角多么相似。"

"真的？我来量量。"小贝量了一下说，"没错，1 号叶与 2 号叶、2 号叶与 3 号叶之间的夹角差不多是

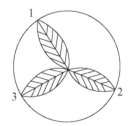

137.5°，而 3 号叶与 1 号叶之间的夹角大约是 85°。"

数学高手

黄金分割

黄金分割是指将整体一分为二，较大部分与整体部分的比值等于较小部分与较大部分的比值，其比值是一个无理数，约为 0.618。这个比例被公认为是最能引起美感的比例，因此被称为黄金分割，0.618 被称为黄金数。

黄金分割具有严格的比例性、艺术性、和谐性，蕴藏着丰富的美学价值，能够引起人们的美感，被认为是建筑和艺术中最理想的比例。例如，达·芬奇的作品《维特鲁威人》《蒙娜丽莎》《最后的晚餐》中，都运用了黄金分割。

试一试

报幕员站在什么地方报幕效果最佳？

"这样说来，叶子是按照黄金分割的规律生长的了。"

小贝问："按黄金分割来长叶子，有什么好处？"

"这我可说不清楚，我想可能和获得阳光的多少有关系。"丁当把花又端到花盆架上。

随着一阵美妙的乐曲，天花板打开了一道缝，一架光闪闪的金梯子放了下来。可是，梯子离地还有两个人高的时候，突然停住了。从梯子腿上垂下一个小木牌，木牌上有 6 个圆圈和一个问题。

问题是：

一位农民收完橘子，将 2520 个橘子分给 6 个儿子。橘子分完后，要求老大把分到的橘子拿出 $\frac{1}{8}$ 给老二；老二拿到后，连同原来分到的橘子，拿出 $\frac{1}{7}$ 给老三；老三拿到后，连同原来分到的橘子，拿出 $\frac{1}{6}$ 给老四；老四拿到后，

连同原先分到的橘子，拿出 $\frac{1}{5}$ 给老五；老五拿到后，连同

原先分到的橘子，拿出 $\frac{1}{4}$ 给老六；老六拿到后，连同原先

分到的橘子，拿出 $\frac{1}{3}$ 给老大。经过这样相互一给，结果

大家手中的橘子一样多。请把原来每人分到的橘子数，

从老大开始，从左到右依次填到圆圈里，金梯就会降

下来。

小贝皱着眉头说："这是成心难为人啊！题目也不告

诉原来老爷子是怎样分的橘子，每人分了多少，然后哥

儿六个就开始送橘子，你拿出几分之一送给我，我再拿

出几分之一送给他，送得乱七八糟，谁知道原来每人分

了多少橘子？"

"要知道了每人分多少橘子，还用咱俩算？"丁当笑

着说，"到了弯弯绕国想不绕弯是不可能的。"

小贝无可奈何地摸了摸自己的脑袋说："那咱俩就绕

吧！从哪儿绕起呀？"

丁当说："这个问题的特点是，尽管中间过程比较复杂，但是结果非常简单，每人分到的橘子一样多，都是2520÷6=420个橘子。"

"对！解决问题就应该从最简单的地方入手去考虑。"小贝说，"但是，往下还是乱七八糟，我还是没办法。"

丁当想了想说："像这类已知最后结果的题目，常使用反推法来解。"

"你就用反推法推推试试。"

丁当开始解："由于最后每人所得的橘子数同样多，所以每人得2520÷6=420个。下面先求老大原来分得多少。在求每人原来有多少橘子时，要从最后结果中去掉别人给的橘子数，还要找回给别人的橘子数。"

"是这么个理！"

"老六的420个橘子是分给老大$\frac{1}{3}$后剩下的，在分给老大之前有420÷$\frac{2}{3}$=630个橘子，他给老大的橘子

是 630÷3=210 个。"

"有戏！老六给老大的橘子数求出来了，是210 个。"

丁当继续算："老大在得到橘子之前有橘子 420-210=210 个，这 210 个是老大分给老二 $\frac{1}{8}$ 后剩下的，所以老大原来分到的橘子数是 210÷ $\frac{7}{8}$ =240 个。"

小贝高兴地说："好啊！老大原来的橘子数求出来了，是 240 个。行了，剩下老二、老三、老四、老五、老六所分得的橘子数我全包了。"

小贝撸了撸袖子："老二从老大那儿得到 30 个，老二得到 30 个橘子后又把 $\frac{1}{7}$ 分给老三，分完后老二有 420 个橘子。在没给老三之前有 420÷ $\frac{6}{7}$ =490 个，除去老大给的 30 个，老二原来有 460 个橘子。"

"好！"丁当给小贝加油。

老三 434 个、老四 441 个、老五 455 个、老六 490 个。

数学高手

反推法解题

故事中的问题，过程复杂但结果非常简单，可以用反推法解题，从题目的最后倒着向前解题。反推法也叫倒推法，就是从结果入手，根据四则运算关系，一步一步往前倒推，求出原来的结果。

试一试

小兰给小伙伴分苹果，首先分给小红全部苹果的一半又半个，然后分给小米剩下苹果的一半又半个，又分给小军剩下苹果的一半又半个，最后分给小光所剩苹果的一半又半个，这时苹果恰好分完。问小兰一共分了多少个苹果？

丁当说:"快把这些数填进圆圈中。"小贝依次把 240、460、434、441、455、490 这六个数填了进去。

刚刚填好,金梯子就放到了地面。小贝在前,丁当在后,高兴地边往上爬边喊:"我们登上最高层喽!"

13. 游野生动物园

丁当和小贝见金梯子放了下来，就一前一后顺着梯子往上爬，一直爬到数学宫的最高一层。上楼一看，只见布直首相正在上面等着他俩，一张大桌子上摆满了鸡鸭鱼肉。

布直首相笑眯眯地说："二位一路辛苦，快坐下来吃饭。"三人分宾主坐定，开始用餐。

布直首相问："数学宫还有意思吧？"

丁当说："很有意思。游了一次数学宫，我们长了不少见识。"

小贝问："这么大一座数学宫，要用多少人来管理？我怎么连一个服务人员也没看见啊？"

布直首相笑着说："哪里有什么服务人员，整个数学宫全靠它来控制。"布直首相伸手向后一指，后面打开一扇小门，里面有一个大玻璃罩，罩里有一个人的脑子。

"啊!"小贝先是吓了一跳,又怕自己看错了,他站起身往前走了几步,仔细地看了看,回头对丁当说:"快来看,真是人脑子,它好像还在微微地活动呢!"

丁当也好奇地走了过去,围着玻璃罩转了好几圈。他摸着脑袋说:"真怪啊!单独一个脑子怎么能活下来呢?"

"哈哈。"布直首相说,"你们受骗了,这不是人脑,是电脑。这是最新一代的计算机——生物计算机。"

小贝摇晃着脑袋问:"这生物计算机怎么和人脑一模一样呢?"

布直首相解释说:"老式电子计算机由最早的电子管,到晶体管,到集成线路,到超大型集成线路,体积越来越小,功能越来越大。但是,它们和人脑相比,差得还很远。我们模仿人脑制造出这台生物计算机,它由蛋白、酶、细胞系等生物元件组成,体积和外形有如人的大脑,而功能却比人脑大多了。"

丁当惊奇地问:"数学宫有那么多房间,每个房间又有那么多神奇的装置,只这样一台生物计算机就全控制了?"

"是的。"布直首相点点头说,"这台生物计算机不仅控制着这座数学宫,还控制着一个野生动物园。"

"野生动物园?"小贝听说有这么个好玩的地方,立刻来了精神,他小声对丁当说,"咱俩去野生动物园玩一趟,那多来劲!"

丁当何尝不想去玩呢!丁当说:"首相,我俩能去野生动物园看看吗?"

"当然可以喽。不过——"布直首相看了丁当一眼说,"野生动物在园中自由来往,那可是个危险的地方!"

小贝站起来说:"不怕!有危险才有点儿探险的味道。布直首相,能不能发给我们两支猎枪?"

丁当赶忙阻拦说:"咱们是去野生动物园,又不是去狩猎场打猎,带枪干什么!"

吃过饭,稍事休息,丁当和小贝告别了布直首相,向野生动物园走去。没走多远,小不点从一棵树后闪了出来。

小不点笑嘻嘻地问:"二位逛完了数学宫,又要到哪儿玩去?"

丁当说："我们去野生动物园。"

"噢，那可是个很好玩的地方。"小不点说完，用狡黠的目光扫了丁当和小贝一眼。

"那，咱俩快走吧！"小贝拉着丁当就往野生动物园跑。小不点向他俩挥挥手说："祝你俩玩得痛快！"说完，捂着嘴嘻嘻地笑了起来。

前面就是野生动物园，四周用高墙围着，两扇铁门关得紧紧的。铁门上有一个小门，门上写着：

小猴想从百米跑道的起点走到终点，它前进 10 米，后退 10 米，再前进 20 米，后退 20 米，这样下去，能否到达终点？

"这还不容易。"小贝说着就用笔在小门上写了个"不能"。

小贝刚写完，小门吧嗒一声打开了，从门里伸出一个猴头。小猴冲小贝一龇牙，接着扔出一个野果，啪的一声正打在小贝的脑袋上，痛得小贝哎哟一声，小门立刻又关上了。

小贝捂着脑袋说："这个死猴子还会打人！"

丁当说："刚才你写得不对，小猴子才打你。"丁当走过去在小门上写了个"能"，刚写完，小门吧嗒一声又打开了，小猴探出了脑袋。小贝在一旁高喊："留神脑袋！"可是小猴这次并没有扔野果，只是"吱"地叫了一声，接着两扇大铁门就打开了。

两人进了野生动物园，嗬，好宽阔的草原啊！绿莹莹的草地像块大绿毯，一眼望不到边，远处还有大片树林。草地上游荡着成群的羚羊和斑马。

丁当问："咱俩怎么走？"

小贝捂着脑袋说："你先别问怎么走，你告诉我，为什么你说能够到达终点呢？它前进 10 米，后退 10 米，再前进 20 米，后退 20 米，它不管前进多远，总要退回到原出发地，它怎么能到达终点呢？"

丁当解释说："由于小猴第一次前进 10 米，后退 10 米……当他前进 100 米时，就到达了终点，没有必要再退回去了。"

小贝点点头："对，小猴走到 100 米处已经到达了终点，没有必要再往回退了。"

数学高手

蜗牛爬井问题

　　故事中的题目可归为"蜗牛爬井问题"。题目中的条件不变，我们还可以问"小猴要走多少米才能到达终点？"

　　小猴前进一次和后退一次是一个回合，都在起点。既然第一次前进 10 米，第二次前进 20 米，以此类推，就是第 10 次可到 100 米跑道的终点（不用再跑回）。所以（10+20 + 30 + 40 + 50 + 60 + 70 + 80 + 90）×2 + 100 = 1000（米）。

试一试

　　一只蜗牛想爬出 10 米深的井，它白天向上爬 3 米，夜里向下滑 2 米。请问蜗牛几天能爬出井？

突然一声狮吼，把两人吓了一跳，循声望去，只见一头雄狮在奋力追赶一匹斑马，斑马向这边跑来。说时迟，那时快，斑马已经跑到他俩的眼前，狮子也紧跟着追来。

"快跑！"小贝拉着丁当撒腿就跑。狮子撇下斑马直奔他俩追来。前面有棵树，两人一前一后爬上树顶。狮子本来会爬树，也不知为什么，它只是围着树转了一圈就走了。

小贝抹了一把头上的汗说："好险啊！差点给狮子当了早餐。"

丁当说："听说在非洲游野生动物园，都是坐在汽车里，咱们这样游法，早晚叫狮子吃了。"

"要想办法找辆车才行。"小贝手搭凉棚向四周张望，突然他大声叫道："看哪！那边的小树林里有一辆小汽车。"

两人从树上滑下来，撒腿就往小树林跑去。跑近一看，嘿！还真是辆旅游专用车。他们从窗户外向里

看，车里有面包、汽水、水果，东西挺齐全。小贝拉了拉车门，车门锁着呢。车门上也没有钥匙孔，只有一个奇怪的算式：

$$72 \times \square\square\square = \square 679\square$$

小贝说："得！看来必须在方块里填上适当的数，车门才能打开。可是，式子里的乘数是个百位数，咱们连一位数字也不知道，怎样求呀？"

丁当说："可以把 72 分解开，先分解成 8×9 试试。"

小贝琢磨了一下："右边这个 5 位数，既然能被 8 整除，它的末位数一定是偶数。"

"不单是偶数，"丁当说，"如果一个数能被 8 整除，那它的最后 3 位数一定能被 8 整除。"

"这是什么道理？"

"任何一个 4 位以上的数，都可以写成两个数之和：其中一个数的最后 3 位数字都是 0，另一个是小于 1000 的数。比如 78215 可以写成 78000+215，进一步可以写成 78×1000+215。"

“往下呢？”

“因为1000÷8=125，所以千位以上的数一定能被8整除。这样，一个数能不能被8整除，就看最后3位数了。”

“八九七十二、八九七十二。哎，最后3位数一定是792喽！”

“对！”丁当说，“这个数还能被9整除，那么它的各位数字之和也应该能被9整除。”

“我来算。”小贝写出：

$$□+6+7+9+2=□+24$$

“把24的个位数字和十位数字相加得6，再加上□。如果这个和数能被9整除，方格里必须填3。这样，右边这个5位数就是36792。再由36792÷72=511，得到等号左边的3位数是511。”小贝拿起笔在方格里填上：

$$72×\boxed{5}\boxed{1}\boxed{1}=\boxed{3}679\boxed{2}$$

小贝刚刚填完，车门咯噔一声打开了，两人高兴地钻进汽车。

小贝手握方向盘说："我来开车。"

"你会开车吗？"

"在大草原上开车，不会也没关系。"小贝用脚一踩油门，汽车猛地蹿了出去。

"哈哈……"小贝开着车在草原上歪歪扭扭地行驶着，两人别提多开心啦！

一路上，他俩看见了成群的大象和长颈鹿，也看见三五成群的狮子、豹子，还有狒狒、猩猩，真是大开眼界。

一条大河挡住了去路，河里有许多奇大无比的河马，还有一丈多长的鳄鱼。但是，小贝一点儿停车的意思也没有，他两眼只顾向左右看，显然是看入神了。

"小贝，你快停车啊！"丁当着急地直喊。

"啊？停车？"小贝赶紧用脚踩刹车，谁知错踩了油门，汽车加速往前行。正巧一只大河马张开了血盆大口，汽车噌的一声钻进了河马的大嘴中，河马立刻把嘴闭上。周围顿时一片黑暗。

数学高手

数的整除

故事中的题目是一个乘法算式，涉及数的整除问题，只要搞清楚整除的特征，解题就容易了。首先把乘数分解成质数的乘积，再根据整除的特征解题。

①若一个整数的个位数字是2的倍数（0、2、4、6、8）或5的倍数（0、5），则这个数能被2或5整除。

②若一个整数的十位和个位数字组成的两位数是4或25的倍数，则这个数能被4或25整除。

③若一个整数的百位、十位和个位数字组成的三位数是8或125的倍数，则这个数能被8或125整除。

④若一个整数各位上数字和能被3或9整除，则这个数能被3或9整除。

⑤"截尾法"。若一个数的末三位数与末三位之前的数字组成的数相减之差（大数减小数）能被 7、11 或 13 整除，则这个数一定能被 7、11 或 13 整除。

⑥若一个整数的奇位数字之和与偶位数字之和的差能被 11 整除，则这个数能被 11 整除。

试一试

6 位数 35□79□是 88 的倍数，那么这个数除以 88 所得的商是多少？

14. 口中余生

小贝问："怎么办？咱俩被河马吃了！"

丁当安慰说："不要紧，咱俩坐在汽车里，只要汽车

不坏，咱俩就没事。喂，你把灯打开好吗？"小贝摸了半天，总算把灯打开了。

丁当向外看了看，又说："你再把汽车的前灯打开。"打开前灯，两道光束射了出去，河马口中立刻亮如白昼。

"多奇怪呀！"丁当开门走了出去，他用手按了按河马嘴里的肉问道，"你看，这像肉吗？"

小贝也按了按，说："不像，像是塑料的。"

"这可能不是真河马。咱们在动物园里都见过河马，哪见过这么大的河马？"

"嗯，不像是真河马，像是塑料做的。"

丁当说："不管真假，咱俩要想办法出去。时间一长，非把咱俩憋死不可。"

"丁当，你看这是什么？"小贝又有了新发现。丁当走过去一看，是一道题：

中国古代的"九宫图"，是由 1 到 9 的数填写而成。它的特点是不管横着加、竖着加，还是按对角线斜着加，所有的 3 个数之和都相等。请你判断 A、B 两图，哪个是"九宫图"。

丁当再仔细一看，每个图旁边都有一个电钮。

A	9	8	7	Ⓧ
	2	1	6	
	3	4	5	

B	4	9	2	♥
	3	5	7	
	8	1	6	

小贝走上前说："这个电钮可能是让河马张开大嘴，我去按它一下。"

"慢着！"丁当马上拦住说，"你知道按哪个电钮？你知道按几下？"

小贝摇了摇头。小贝突然提了个问题："丁当，你知道什么是'九宫图'吗？"

丁当点点头："我看过这方面的书。"

"给我讲讲好吗？"

"我记住多少讲多少。"丁当说，"传说在很久以前，夏禹治水时来到了洛水。突然从水中浮起一只大乌龟，

乌龟背上有一个奇怪的图，图上有许多圈和点。这些圈和点表示什么意思呢？大家都不明白。"

小贝忙问："真的？你说这些圈和点表示什么意思呢？"

"你别着急。"丁当说，"世界上总是有善于观察和分析的人。他们首先发现：凡是画圈的，都表示奇数；凡是画黑点的，都表示偶数。而且 9 个格子里的圈和点表示了从 1 到 9 这 9 个自然数。有人又做了进一步的研究，发现：把龟背上的 9 个自然数填入 3×3 的正方形方格中，不管是横着的 3 个数相加，还是竖着的 3 个数相加，或者是斜着的 3 个数相加，其和都等于常数 15。比如 4+9+2=15、9+5+1=15、4+5+6=15 等。"

小贝兴奋地说："我看出来了，B 图就是'九宫图'。"

丁当说："对！我国古代把这种图叫作'纵横图'或者'九宫图'，国外把它叫作'幻方'，而把那个常数叫作'幻方常数'。B 图所画的是三阶幻方，它是由 3×3 个方格组成的，它的幻方常数是 15。"

小贝若有所思，他突然说："会不会要把 B 图的电钮按 15 下呀？"

丁当用力拍了一下小贝的肩膀："说得有理！就这么办！"

"我试试。"小贝将 B 图的电钮按了 15 下，当他按完最后一下，河马的大嘴呼的一声又张开了。

"哈哈，我们得救了！"小贝拉着丁当跑出河马的大口。

"丁当，你看的书真多，知识面就是广，遇事难不倒你。"小贝这才感到"书到用时方恨少"。

丁当摇摇头说："不成啊，我才看了几本书？不过读课外书确实很有用。"

小贝猛一回头，"哎呀"惊叫了一声。丁当回头一看，只见一条大鳄鱼正慢慢向他俩爬来。丁当笑着说："不要怕，这条鳄鱼一定也是机器鳄鱼，它不会咬人的。"说着丁当就迎了上去，鳄鱼张开大嘴，丁当成心把脚伸到鳄鱼嘴里，谁想鳄鱼一闭嘴，丁当哎呦一声，他的脚被鳄鱼咬住了。小贝过来就往外拉，鳄鱼却死死咬住丁当的脚不放。

数学高手

三阶幻方

三阶幻方是最简单的幻方，是由1~9组成的三行三列的矩阵，其对角线、横行、纵列的数字的和都为15，所以这个幻方的幻方常数（也可以称作"幻和"）为15。拆填方式是：1+9=10，2+8=10，3+7=10，4+6=10。这每对数的和再加上5都等于15，可确定中心格应填5，这四组数应分别填在横、竖和对角线的位置上。先填四个角，四个角上必须填两对偶数。

三阶幻方的规律：幻方常数 =3× 中心数；过中心的线上的三个数，依次成等差数列。或者说，关于中心位置对称的两数，平均数是中心数。

试一试

　　用 1~9 这 9 个数补全下图中的幻方,并求幻和。

	5	
2		6

　　两边正僵持不下,忽听有人嘻嘻直笑。小贝抬头望去,只见小不点坐在一棵树上,边拍手边说:"真好玩,真好玩,数学冠军要喂鳄鱼喽!"

　　小贝大怒,高喊:"好个瘦猴,你见死不救,反而幸灾乐祸!"

　　"暂时还没事。"小不点从树上滑下来,他一按鳄鱼的后背,后背裂开一道缝,从缝里蹦出一张卡片。小不点把卡片递给小贝说:"只要能把卡片上的问题答对了,鳄鱼自然会放了丁当。"

小贝一看，卡片上写着：

请回答：我会不会吃掉丁当？如果回答对了，我就放了丁当。否则就要吃掉他。

"这个——"小贝用手摸了一下脑袋说，"你会不会吃，我哪里知道？我当然希望你别吃掉丁当喽！"

小不点说："你想好了就写在卡片上吧！"小贝掏出笔刚要写，"慢着！"丁当把卡片要了过去。丁当仔细看了看，然后在卡片上工工整整地写上"你会吃掉丁当"。

　　小贝一看大吃一惊，忙对丁当说："你疯啦？你怎么心甘情愿地叫鳄鱼吃掉？"丁当叫他只管往缝里放。说也奇怪，小贝刚把卡片放进缝里，鳄鱼真的松开了嘴。

　　丁当是得救了，小贝可糊涂了。小贝问："为什么写上'你会吃掉丁当'，鳄鱼反而把你放了呢？"

　　丁当解释说："卡片上写着如果回答对了就放了我，假如说在卡片上填写'你不会吃掉丁当'，那样鳄鱼就会马上吃掉我，然后它就说，'怎么样，回答错了吧？你说我不会吃掉丁当，而现在我把丁当吃了，这足以证明你回答错了！'因此，填'你不会吃掉丁当'的结果是必然要被吃掉。"

　　小贝问："为什么填上'你会吃掉丁当'，鳄鱼反而放了你呢？"

　　丁当说："填上'你会吃掉丁当'，如果鳄鱼真把我吃了，说明我填对了。而卡片上写得很清楚，填对了就应该放掉我，因此，在这种情况下鳄鱼不应该吃掉我。"

数 学 高 手

悖论

这是一道典型的悖论题。悖论是表面上同一命题或推理中隐含着两个对立的结论，而这两个结论都能自圆其说。悖论的抽象公式就是：如果事件 A 发生，则推导出非 A，非 A 发生则推导出 A。

试一试

小说《唐·吉诃德》里描写过一个国家，那里有一条奇怪的法律，每个旅游者都要回答一个问题："你来这里做什么？"回答对了，一切都好办；回答错了，就要被绞死。旅游者如果要避免被绞死，应该怎样回答？

小贝又问："填上'你会吃掉丁当'，而鳄鱼把你放了，不又说明你填错了吗？"

　　"是的。"丁当笑着说，"只要填上'你会吃掉丁当'，鳄鱼是吃我也不对，不吃我也不对，完全陷入自相矛盾之中，最后只好放掉我。"

　　"高，真高！"小贝竖起两个大拇指，夸奖丁当回答得好。小贝又问小不点："这里的动物是不是都是假的，是人造的？"

　　小不点点点头说："当然是假的了。这里所有的动物，都是由数学宫最高层的生物电脑控制的。"

　　"丁当、小贝，布直首相有急事找你们。"圆圆和方方同骑在一头大象身上，走过来对他俩说。丁当心想，布直首相有什么急事找我？

15. 快乐与烦恼之路

　　丁当和小贝从野生动物园出来，正遇到方方和圆圆

骑着大象来找他俩，说布直首相有要紧事找他们。

小贝问："布直首相在哪儿？"

方方用手一指说："你俩一直往东走吧！"

两人沿着林荫道向东走去，没走多远，小贝的肚子就"咕咕"叫了起来。小贝看了丁当一眼，伸脖咽了咽口水。也许饥饿能够传染，丁当的肚子也咕咕直叫，两人好久没吃东西了。

丁当笑着说："见到了布直首相，就会有好吃的了。"小贝点了点头。

两人又走了一会儿，前面出现了一个大门，门上写着"快乐与烦恼之路"。门旁还有一块牌子，上面写着：

快乐和烦恼是一对孪生兄弟，任何事情总是既有快乐，又有烦恼。只要你肯动脑子，不怕困难，不断努力，就会得到快乐。如果你懒于动脑，贪图安逸，烦恼就会找到你的头上。预祝你能走上快乐之路。

小贝直瞪着双眼说："真新鲜！我长这么大，还没听说有这样的路。走，咱俩去走条快乐的路。"

丁当摇摇头说："别快乐没成，招好多烦恼。再说布直首相找咱俩有急事，还是快走吧。"可是这条路只通向这个大门，别无他路。

"得，看来这快乐与烦恼之路走得走，不走也得走，这叫逼上梁山！"小贝说完，径直往大门走去，丁当也只好跟着往前走。

一进大门，就看见一边站着一个机器人，手持鲜花，不停地高喊："欢迎小贝！欢迎丁当！"小贝高兴地向机器人招了招手说："谢谢！你们还真认识我俩。"

前面有两条路，不用说，一条是快乐之路，一条是烦恼之路。可是哪条是快乐之路呢？

小贝问两个机器人："走哪条路能得到快乐？"

左边的机器人说："走右边那条路。"

右边的机器人说："走左边那条路。"

"嘿！这倒好，你们俩一人说一条。"小贝回头问丁当："他俩谁说得对？"

丁当正在专心看一个小白牌，牌上写着：

这两个机器人，一个只说真话，不说假话；另一个只说假话，不说真话。

小贝摸着脑袋说："这两个机器人一模一样，我知道谁专门说真话？"

丁当说："看来，快乐之路并不容易找到。"小贝低头琢磨了一会儿说："有了，我去问问他俩。"

小贝先问左边的机器人："你专说真话吗？"

左边的机器人点点头说："对，我专说真话。"

小贝转身又问右边的机器人："你专说假话吗？"

右边的机器人摇摇头说："不，我专说真话。"

小贝生气地说："怎么？你们俩都专说真话，难道是我专说假话不成？真是岂有此理！"

小贝转身对丁当说："问不出来怎么办？"

"不能这样直接问，我来试试。"丁当走到左边的机器人面前问，"如果右边那个机器人来回答'走哪条路能得到快乐'，它将怎样回答？"

左边的机器人说："它将回答'走左边那条路'。"

丁当往右一指说："咱们应该走右边这条路。"

小贝可糊涂了。他问："这是怎么回事？为什么你这样一问，就肯定走右边这条路呢？"

丁当拉着小贝边走边解释："其实，我也不知道哪个机器人说假话。但是，我可以肯定它的回答一定是一句假话。"

"那是为什么？"小贝越听越糊涂。

丁当说："假如右边的机器人说真话而左边的说假话，那么左边机器人回答的'它将回答走左边那条路'是一句假话，真话是应该走右边的路。"

"你并不知道左边的机器人说假话呀？"

"对。假如右边的机器人说假话而左边的说真话，那么左边机器人回答的一定是一句真话，而右边机器人说的'走左边那条路'是假话，咱俩还是要走右边这条路。"

前面出现了一个食堂，小贝高兴地说："这条路果然是条快乐之路，咱们肚子正饿，就有吃的了。"说着他快步跑了过去。

数学高手

简单推理

做判断真假话的习题，需要运用假设、推理才能解答。如本故事中，假设右边机器人说真话，左边机器人说假话，看是否与题意矛盾，就可以得出答案。

做从三句话中推出唯一真话的习题，如果三句话中有两句矛盾，则应假设这两句话中的某一句为真，推理验证，如果得出的结果矛盾，说明假设不正确，反之则说明假设正确。

试一试

妈妈知道三个儿子中的一个偷吃了留给奶奶的水果，便问他们谁吃了。

老大说："是老二吃的。"老二说："我没有吃。"老三说："我没有吃。"他们中只有一个人说了真话，到底是谁吃了水果？

食堂的玻璃门关得紧紧的，隔着玻璃可以看到里面有张大桌子，桌上摆满了鸡鸭鱼肉，真馋人啊！可是门打不开，急得小贝在门前直转。忽听咔哒一声，门缝里蹦出一张小卡片，上面写着：

如果你能证明弯弯绕国的1000户居民中，至少有两家的饭碗一样多，就可以进食堂就餐。

"真烦人！人家饿得要死，还要先证题。"小贝一肚子不高兴，"谁知道哪两家的碗一样多？我能挨家挨户去数？"

丁当笑着说："即使你真的数出来也不算证明，这饭还是吃不着。"

"你说，这也叫数学题？数学题哪有证饭碗一样多的？"小贝吃不上饭，气不打一处来。

丁当说："这是逻辑关系。逻辑对于数学来说是很重要的。英国大哲学家罗素说过，数学就是逻辑加符号。"

"民以食为天。先别管那么多逻辑，要想办法进去填饱肚子。"小贝真饿急了。

"小贝，你说一般家庭最多有几只碗？"

"碗的多少一般和家庭的人口有关系。一个四世同堂的大家庭有 30 口人也就够多了。如果每人按 3 只碗算，最多也就 100 只碗。"小贝很好奇，"你问这干什么？"

"我在证这道题呀！"丁当说，"假设弯弯绕国的1000 个家庭中，没有两家的饭碗一样多，可以把这 1000 个家庭按碗的多少排排队：有 1 只碗的，有 2 只碗的，有 3 只碗的……由于一个家庭最多有 100 只碗，因此最多只能排出 100 个碗数不一样多的家庭，这个事实和假设矛盾。因此假设不成立，说明至少有两家的碗数一样多。"

"这不是反证法吗？"小贝明白了，赶紧把证明方法写在卡片后面，再把卡片塞进去，不一会儿，玻璃门就自动打开了。

两个人放开肚皮，猛吃一通。小贝高兴地说："吃饱了真快活，这真是一条快乐之路。"丁当摇摇头说："不可能只有快乐没有烦恼。"

数学高手

反证法解题

反证法是一种思考问题和解决问题的方法。先假设某种说法正确，再利用假设的说法和其他性质进行分析推理，最后得到一个不可能成立的结论，从而证明假设的说法不成立。

如本故事中，要证明至少有两家的饭碗一样多，先假设没有两家的饭碗一样多，然后推理判断出最多能排出 100 个碗数不一样多的家庭，这与假设矛盾，因此假设不成立。

试一试

毕业前夕，同学们相互赠送贺卡。每人只要接到对方贺卡就一定回赠一张，那么送了奇数张贺卡的人数是奇数还是偶数？

　　两人吃饱饭继续往前走。一堵墙挡住了去路，墙上

有四个小门，依次写着 1 到 4 号，旁边有个说明：

　　这四个门中有三个是假门，开门必须从 1 号门开始

184

顺次开。但是，在你意想不到的门里藏有一只吃人的恶狼。请开门吧！

小贝听说有狼，顿时两腿发软。他小声对丁当说："咱们还是往回走吧，别自找烦恼。"

"不能走回头路，要闯过去。"

"有恶狼吃人！"

"咱们两个大小伙子，还打不过一只狼？"

丁当的决心给小贝增添了不少勇气。小贝找来一根木棍叫丁当拿着。他一手拿一块大石头，一副视死如归的样子，说："丁当，你开门！"

丁当看他那副样子，扑哧一声乐了，说："咱俩又不是来掏狼窝，干什么这样紧张？咱俩应该先研究一下狼会在几号门里，然后再开门。"

小贝一想也对，于是说："我先来分析一下，如果我在开1号门的同时，心里想'这门里准有恶狼'，结果会怎么样呢？"

丁当说："由于恶狼只藏在意想不到的门里，1号门

185

不会有狼。"

"对！"小贝接着说，"我在开 2 号门的同时，心想‘2 号门里准有恶狼’，这样 2 号门里也不会有狼。好了，只要我开每扇门的同时，心想‘这门里准有恶狼’，那么开哪扇门也不会跑出狼来。对！根本就没狼。"

"会是这样吗？"丁当有点犹豫。

一时高兴，小贝来了股歪劲儿，他走到 1 号门前大声说："这 1 号门里有只饿狼！"说完用力一拉，1 号门拉开了，里面仍旧是墙，这是个假门。

小贝回头笑嘻嘻地对丁当说："我分析得对吧！你说它有，它里面就准没有。"

小贝到了 2 号门，又大声说："这 2 号门里准有恶狼。"说完用力一拉门，一条黑影嗖的一声从里面蹿了出来，一下子把小贝扑到了地上。小贝定睛一看，是只大灰狼，急忙喊道："恶狼吃人！快救命！"小贝和狼扭打在一起。丁当也急了，抢起木棍就朝恶狼身上打。正打得不可开交时，只听一声喊："畜生，还不过来！"恶狼乖乖地跑到来人的身边。

小贝抬头一看，原来是圆圆。圆圆笑着说："真对不起，让你们受惊了。"

小贝爬起来生气地问："你们弯弯绕国怎么说话不算数？这明明写着，只能从意想不到的门里蹿出一只恶狼。我已经说过 2 号门里有狼，这应该是我意料之中的事了，怎么还真的跑出一只狼来？"

圆圆问："按照你的分析，这四个门里会不会有狼？"

"不会呀！"

"那就对了！"圆圆说，"你料想这四个门里都不会有狼，现在突然蹿出一只，这不正说明是从你意想不到的门里蹿出来的吗？"

"这个——"小贝真没想到这里还绕着一个弯儿呢！

圆圆说："小贝，你好好看看，这哪里是恶狼，这是我养的一条狼狗。"三个人看着摇着尾巴的狼狗，不禁哈哈大笑。

16. 寻找机密图纸

丁当和小贝见到了布直首相。

布直首相严肃地说："我们刚刚研制成功的激光全息电视机的设计图纸及试验数据昨天夜里被人偷走了，作案人在现场留下一封信。"说着，布直首相把信交给了丁当。

丁当打开信一看，立刻愣住了。他见信上写道：

尊敬的布直首相：

我作为一名弯弯绕国的国民向您致意。激光全息电视机的设计图纸和试验数据被我拿走了。我由于受不住丁当和小贝的威逼利诱，干了这件见不得人的事。这些重要材料现都在丁当和小贝手里，千万不能叫他们把材料带走！

顺颂

大安

一名不肖的国民

　　小贝拿过信一看，肺都气炸了："是哪个坏蛋干了这种缺德的事，反把屎盆子扣在我俩的头上，没门儿！"

　　布直首相说："我相信这事不是你们二位干的，可是他为什么要往你们身上栽赃？"

　　小贝瞪着眼睛说："栽赃？栽赃又算得了什么！蒙面人半路劫持，把我们关进石头屋；大河马把我们吞进肚里，我们差点闷死；放出狼狗咬我们……这不都是弯弯绕国干的好事！还有……"

　　"小贝！"丁当不让小贝再往下说。

　　"噢，我们照顾不周，多有得罪，还请二位多多包涵。"布直首相面带歉意地说，"不过，这次丢失的材料事关重大，还请二位帮助追查。"

　　小贝还要甩几句气话，丁当赶紧接过话茬说："请首相放心，我和小贝在贵国打扰多日，现出此案，我们一定全力帮助追查。"

　　"好！"布直首相站起来说，"请卫队长带领二位到案发现场侦察。"

路上，小贝低着头噘着嘴，一个劲儿往前走。丁当知道小贝正在火头上，也没和他说话。卫队长领他俩来到一座大楼前，楼门口挂着一个大牌子，上写“新技术研究中心”。上了三楼，只见一间屋子的门敞开着，一名士兵在门口守卫。

卫队长指着一个绿色保险柜说：“图纸和材料原来就放在这个保险柜里。”

丁当拉开柜门一看，里面空空的。他仔细检查这个保险柜，突然发现门的底边贴有一小块绿色的胶布。丁当揭开胶布，发现里面藏有一张小纸条，上面密密麻麻写了几行小字：

丁当：

我把东西交给了一个人。找到这个人的具体方法是：明天上午9点，一列火车从弯弯绕国中心车站准时发车。这列火车长90米，一个人在铁路旁与火车同向行走，此人的速度是每小时4千米。火车从头部与此人并齐，到尾部超过，用了8秒钟。接着这列火车又超过另一个与它同向行走的行人，这次用了 9 秒钟。第二个行人就是你要找的人。

小贝看了纸条，狠狠地跺了一下脚，说："活见鬼！这小子是成心折腾咱俩。他骗咱俩追火车，他好在一旁看热闹，哼！"

丁当想了想说："骗咱们也好，没骗咱们也好，反正没有别的线索，咱们不妨去看看。"

小贝忽然提出一个问题："图纸和数据在第二个人的手里，咱们找的也是第二个人，他信中提第一个人干什么？"

丁当赞扬说："你这个问题提得好！我也在思考这个问题。由于信中没有给出火车的速度，却给出了第一个人的速度，所以我们可以从第一个人的速度出发，进而求出火车的速度。"

小贝点点头说："对！有了火车的速度就可以求出第二个人的速度，这正是我们要知道的。"

"行啊！小贝，你这次来弯弯绕国可没白来，学问

见长！"

小贝来劲了，他说："我来求火车的速度。咱们在课堂上学过，速度 = $\dfrac{路程}{时间}$。这列火车长 90 米，第一个人的速度是每小时 4 千米。火车从头部与此人并齐，到尾部超过，用了 8 秒钟，可是这里谁是路程？谁是时间？90÷8 又表示什么呢？……"做到这儿，小贝又卡壳了。

丁当提醒说："火车的速度一定比第一个人的速度快，快多少呢？火车比第一个行人快 90÷8=$\dfrac{45}{4}$ 米／秒。"

"我明白了，火车的速度是 4+$\dfrac{45}{4}$。"

"不对，不对。"丁当连忙拦阻说，"这两个数的单位不一样。人行走的速度单位是千米／小时，而火车的速度单位是米／秒，它俩不能直接相加。要把人的速度单位化成米／秒才行。"

丁当开始做转化："第一个行人的速度为 4000÷3600=$\dfrac{10}{9}$ 米／秒，因此，火车的速度为 $\dfrac{45}{4}$ + $\dfrac{10}{9}$ = $\dfrac{445}{36}$

米／秒。"

小贝不服输，他接着算："火车长 90 米，这列火车超过第二个与它同向行走的行人，用了 9 秒钟。火车速度与第二个行人的速度差为 $\frac{90}{9}$ =10 米／秒，第二个行人的速度为 $\frac{445}{36}$ −10= $\frac{85}{36}$ 米／秒 =8.5 千米／小时。"

"对！咱俩去找布直首相要两辆带时速表的自行车。"

丁当找布直首相要到了带时速表的自行车。第二天一早，丁当和小贝早早来到了中心火车站。

9 点一到，火车准时开行。丁当和小贝骑着车与火车并行。路上的行人很少，每遇到一个人，他俩就和这个人同速行走一段，从时速表上测出这个人的速度。当测到第三人时，是一个小孩，测出他的速度恰好是 8.5 千米／小时。

丁当下车拦住了小孩，对他说："小朋友，你有东西交给我吗？"

小孩停下来，看了丁当一眼，问："你是丁当吗？"

丁当点点头。

小孩从口袋里掏出一个纸包，递给丁当说："这是一个人让我交给你的，但是这个人嘱咐我，不让我把他的长相告诉你！"说完扭头就走了。

丁当打开纸包，看到图纸和数据全在里面。小贝高兴地说："哇！终于找到了！"

丁当自言自语地说："这事会是谁干的呢？"

"可恶的小不点，一定是他干的！"小贝用力挥了挥拳头。丁当却摇摇头。

数学高手

行程问题——火车过桥

对于火车过桥、火车和人相遇、追及，以及火车和火车相遇、追及等类型的题目，分析的时候一定得结合着图来进行。

参考公式如下：

（1）火车过人，人静止：车长 = 火车速度 × 时间。

（2）火车过桥：车长 + 桥长 = 火车速度 × 时间。

（3）火车过人，人运动：如相遇，车长 =（火车速度 + 人速度）× 时间；如追及，车长 =（火车速度 − 人速度）× 时间。

试一试

某人沿着铁路旁的便道步行，一列客车从身后开来，在他身旁通过的时间是 15 秒。客车长 105 米，每小时的行驶速度为 28.8 千米，请问这个人每小时走多少千米？

勇闯数王国

17. 小不点巧摆迷魂阵

　　丁当和小贝找到了激光全息电视机的图纸和试验数据。这件事究竟是谁干的呢？

　　"是小不点！"小贝挥了挥拳头说，"肯定是他。丁当，走，咱们找小不点算账去。"

　　两人到小不点家一看，门锁着，门缝里夹着一张纸条。抽出来一看，是小不点给他俩的一封信：

亲爱的丁当和小贝：

　　知道你俩要来找我，可是我有点急事要办，只好先走一步，真对不起。

　　要找我，可以向巽走≡≡米，到━━房子里找我。

　　此致

敬礼

小不点

196

小贝生气地用拳头狠狠地砸了一下门说:"做贼心虚,他小子溜啦!"

丁当心平气和地说:"他留下了地址,还算光明正大。"

"光明正大?"小贝举着纸条问,"这上面写的什么,你认识吗?"

"我好像在哪儿见过,一时记不起来了。"丁当低着头认真地回想。

小贝看着纸条说:"这个怪东西,我好像在韩国的国旗上见到过。"

"八卦!"丁当用力拍了一下小贝的肩头说,"韩国的国旗上画的就是八卦。"

"八卦?八卦不是用来算命的吗?那是封建迷信的玩意儿呀!"

丁当说:"小贝,你这可就是孤陋寡闻了。八卦最早见于我国的《易经》,相传八卦是太古时期伏羲氏依据黄河所现'河图'而创造的。"

小贝摇摇头说:"那是神话传说。"

"据现代数学家考证,八卦是世界上最早出现的二进制记数法。据说德国大数学家莱布尼茨就是受了八卦的启发,发明了二进制记数法,进而发明了可以做四则运算的计算机。莱布尼茨非常佩服中国人的聪明才智,听说他还送给清代康熙皇帝一台计算器呢!"

"还有这种事儿?你快给我仔细说说吧。"小贝来兴趣了。

"你等等,我把摘抄本给你找出来看看。"丁当从书包中找出一个硬皮本,里面全是从报纸、杂志上摘抄的数学知识。

小贝夸奖说:"学问在于点滴勤。丁当,你真是个有心人!"

丁当笑着说:"因为我不知道的东西太多了。小贝,你看,这就是八卦。"

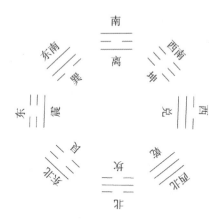

小贝抢过摘抄本读道："《易经》里说，'无极生太极，太极生两仪，两仪生四象，四象生八卦。'这表示的是 $2^0=1$，$2^1=2$，$2^2=4$，$2^3=8$。嘿，有点意思。丁当，巽就代表东南方向。可是，这些长长短短的横道又表示什么呢？☰☰表示南，哪有南号房子？"

丁当翻过一页说："这上面写着呢！符号'——'表示阳爻（yáo），代表二进制的'1'；符号'——'表示阴爻，代表二进制的'0'。这样就可以把信上的两个特殊符号写成二进制数了。☰☰表示 1001101，☰☰表示 101。"

"还要把它们化成十进制吧？"

"是的，这个好办。"丁当又写道：

1001101 化成十进制数是 $1×2^6+0×2^5+0×2^4+1×2^3$ $+1×2^2+0×2^1+1×2^0=64+8+4+1=77$，101 化成十进制数是 $1×2^2+0×2^1+1×2^0=4+1=5$。

小贝可高兴了，他说："这一下都清楚了。向东南方向走 77 米，到 5 号房子找小不点。走，咱俩找他算账去！"

丁当边走边叮嘱说："这件事还不能肯定就是小不点干的，见到小不点你可不许乱来。"两人向东南方向走了 70 多米，果然看见一幢门牌号为 5 的房子，房门口贴着一张大纸，上写"科学算命"。

"算命还有科学的？真新鲜！进去看看。"小贝推门走了进去。屋里空荡荡的，迎面挂着一张大大的八卦图，图的中间有一个方孔，透过窗口可以看到一位戴着老花镜的老先生坐在里面。

算命先生咳嗽了两声，慢腾腾地问："二位可是来算命的？"

数学高手

二进制的妙用

在数学家眼中，八卦，就是数字。八卦每卦分上、中、下三爻，——称阳爻，——称阴爻。如果把——、——两种符号分别表示成 1、0，八卦就是 0~7 的二进制数码。故事中就是利用八卦中的爻表示的二进制数，计算出行走的方向和距离。

试一试

根据八卦图，小明向离走 ☰ 米、向坤走 ☷ 米后到达公园，请问他一共走了多少米？

小贝笑着摇摇头说："不算命，不算命。没想到，你们弯弯绕国也有算命骗人的！"

算命先生严肃地说："我这是科学算命，根据的是数学原理，不信可当场试验。"

小贝问："你能知道我的年纪多大、几月生的吗？"

"这个容易。"算命先生扶了一下眼镜说,"请把你的年龄用2乘,再加5,再乘以50,把你出生的月份加上去,再加上一年的天数365,请把得数告诉我。"

小贝心算了一下说:"得1924。"

算命先生马上说:"你13岁,9月的生日,对不对?"

"嘿,你还真有两下子!"小贝挺惊奇。

算命先生慢悠悠地说："何止有两下子！我的科学算命是很灵的。"

小贝说："我们有件要紧事，想找一个人……"

没等小贝把话说完，算命先生从方孔里递出一个圆盘，里面有十几个纸卷，他说："请您不要再说了，从盘中抓一纸卷，打开看看就是了。"小贝伸手抓了一个纸卷，打开一看，上面写着两句话："为破图纸案，欲找小不点。"

小贝一拍大腿："真神啦！我还没说，你就全知道了。"

忽然，门外有人喊："小不点，小不点。"只见算命先生嘴巴微微一动，可是没出声。

小贝听到有人喊小不点，扭头跑了出去，只见一个胖小孩在一个劲儿地喊"小不点"。

小贝问："小朋友，小不点在哪儿？"

胖小孩往门里一指："小不点就在里面呀！"

小贝双手一摊："屋里除了算命先生，没有别人啦！"

丁当在旁边跺了一下脚，说："唉，咱俩被小不点骗了！"

"被小不点骗了？"小贝一愣，问道，"小不点在哪儿？"

丁当说："那个算命先生就是小不点装的，你没见他长得多瘦？"

"瘦是瘦了点，可是人家算得挺灵啊！"

"我已经知道他算年龄和出生月的秘密了。"丁当说，"先设一个四位数为 x，其中千位数和百位数所组成的两位数是你的年龄，十位数和个位数是你的出生月份。他是按这个公式算的：

$$x=100×年龄 + 月份 +615。"$$

小贝摇摇头："不对呀！他没叫我乘 100，也没叫我加 615 啊。"

"是啊！"丁当边写边说，"可是他叫你把年龄乘以 2，加 5，再乘 50，加上出生月份，再加上 365。$x=（年龄×2+5）×50+月份 +365=$ 年龄 $×2×50+5×50+$ 月份 $+365=100×年龄 +月份 +615。$

数学高手

巧算年龄和出生月份

小不点在算出生年月时，巧妙利用了小贝的年龄是一个两位数，出生月份只能有1~12月，也是两位数，合在一起就是四位数。年龄乘以100是一个四位数，这样就把年龄的两个位数放到了千分位和百分位，月份则可以用十位数和个位数表示。如果最后的数字是三位数，则表示这个人的年龄是一位数。如307，说明此人年龄3岁，出生月份是7月，不要误以为是30岁。

试一试

某同学出生在21世纪，他的出生月份数乘以2，再加上5，再乘以50，再加上年龄数，再减去365，所得结果是199，求这个人的年龄和出生月份。

"你算出得1924，他在心中暗暗减去615，得1309。13便是你的年龄，9便是你出生的月份。"

"可是抓纸卷又怎样解释？"

丁当拉着小贝进了屋，把圆盘中十几个纸卷逐一打开，发现上面写的全是"为破图纸案，欲找小不点"。

小贝双手一捂脑袋："唉！我让小不点骗苦了！"他用力把八卦图撕下来，里面除了一副老花镜，什么也没有。

丁当和小贝还在发愣，门口的胖小孩拿着一封信跑了进来，说："这是小不点给你们的信。"

小贝打开信读道："亲爱的丁当、小贝，我刚才和你们开了个小小的玩笑，请别生气。你们怀疑激光全息电视机的图纸是我偷的，这可是天大的冤枉！我小不点从来不干这种缺德事儿。我是你们的朋友，告诉你们吧，图纸是刘金偷的。此致敬礼！小不点。"

"此地无银三百两，他是贼喊捉贼！我看图纸就是小不点偷的。"小贝被小不点捉弄了一番，更是火上加油，一口咬定是小不点偷的。

"刘金？"丁当眼睛一亮，自言自语地说，"刘金这个人心胸狭窄，嫉妒心强，鬼点子又多，不能排除是他的可能性。"

"小不点没找到，又跑出一个刘金。你说这案子怎么破？"小贝有点沉不住气了。

丁当说："是刘金也好，是小不点也好，咱俩不能总叫他们牵着鼻子走，必须动脑筋想个办法才行。"丁当小声对小贝嘀咕了几句，小贝挑起大拇指说："好主意，就这样办！"

一阵锣声响过之后，小贝大声喊道："快来猜呀！百猜百中！你今年多大年纪，你父母多大年纪，你干过什么好事，又干过什么坏事，一猜就中！"不一会儿，就围上来一大圈人。

丁当挂出一张大纸，上面有甲、乙、丙、丁、戊、己6个表。丁当说："谁要让我猜一下你的年龄？ 63岁

以下的我都能猜，百猜百中。"

一个中年人上来说："你来猜猜我今年多大。"

丁当微笑着说："请你按照甲、乙、丙、丁、戊、己的顺序，回答表上有没有您的年龄。"

中年人认真答道："有，有，没有，没有，没有，有。"

甲

32	33	34	35	36	37
38	39	40	41	42	43
44	45	46	47	48	49
50	51	52	53	54	55
56	57	58	59	60	61
62	63				

乙

16	17	18	19	20	21
22	23	24	25	26	27
28	29	30	31	48	49
50	51	52	53	54	55
56	57	58	59	60	61
62	63				

丙

8	9	10	11	12	13
14	15	24	25	26	27
28	29	30	31	40	41
42	43	44	45	46	47
56	57	58	59	60	61
62	63				

丁

4	5	6	7	12	13
14	15	20	21	22	23
28	29	30	31	36	37
38	39	44	45	46	47
52	53	54	55	60	61
62	63				

戊

2	3	6	7	10	11
14	15	18	19	22	23
26	27	30	31	34	35
38	39	42	43	46	47
50	51	54	55	58	59
62	63				

己

1	3	5	7	9	11
13	15	17	19	21	23
25	27	29	31	33	35
37	39	41	43	45	47
49	51	53	55	57	59
61	63				

丁当立刻回答："您今年差 1 岁 50。"

"对，对。我 49 岁了。"中年人满意地走了。

"我来猜一次。"刚刚送信的那个胖小孩来了，他说，"没有，没有，没有，有，有，没有。"

丁当笑着说："你才 6 岁。"

许多人上来试验，丁当都能准确地说出对方的年龄，大家挺信服。

又一阵锣声响过，小贝大声说："咱们换个猜法，这回咱来个密码破案。大家都知道激光全息电视机的图纸被人偷走了，究竟是谁偷的呢？可以利用密码来侦破。"

这时方方、圆圆、小不点、刘金都来了，站在后面

22 的	3.345 虎	9 点	25 纸
7071 大	1525 小	16 金	1/100 笔
9631 胖	1 没	343 图	434 画
1369 不	3 刘	5 拿	1/2 偷

看热闹。

丁当又挂出一张图，对大家说："谁来当场试试密码破案？"

"我来试试。"方方从后面走了上来。丁当拿了一把纸条，叫方方从中抽出一张。

丁当笑着问方方："你估计图纸会是谁偷的？"

方方毫不犹豫地说："是小不点！"

小不点在下面大喊："你胡说，你诬赖好人！"

丁当说："请打开纸条。"方方打开一看是 7 个算式：

① 61×25 ② 37×37 ③ $99 \div 11$ ④ $\dfrac{100}{100}$

⑤ $4 \times \dfrac{1}{8}$ ⑥ $343 \times 0.5 \times 2$ ⑦ $100 \div 4$

方方很快把七个得数算了出来：

① 1525   ② 1369   ③ 9   ④ 1

⑤ $\dfrac{1}{2}$　　⑥ 343　　⑦ 25

丁当说："你根据这些数字，在表上找到相应的汉字，把它们连成一句话。"方方很快读出了一句话："小不点没偷图纸。"

小不点一下子蹿到了前面，拍着丁当的肩膀高兴地说："你这个密码破案真灵！我本来就清清白白的，这下子你相信了吧？"丁当笑着点了点头。

"该我了。"圆圆跑了上来。他从丁当手中抽出一张纸条，打开一看，上面有 6 个算式：

① $9 \div 3$　　② $2 \times 2 \times 2 \times 2$　　③ $\dfrac{33}{66}$

④ $110 \div 5$　　⑤ $7 \times 7 \times 7$　　⑥ 5×5

圆圆算出 6 个答数是：

① 3　② 16　③ $\dfrac{1}{2}$　④ 22　⑤ 343　⑥ 25

翻成一句话就是："刘金偷的图纸。"

大家一起回过头，把目光集中在刘金的脸上。刘金

有点紧张，两只手不停地搓着，喃喃地说："不记得我干过这种事。"由于刘金平时总爱对人使个鬼心眼，大家知道他人品不好，于是议论纷纷，认为此事八成是刘金干的。

小不点站出来说："刘金，你干的好事，瞒得过别人还瞒得过我？我劝你还是主动找布直首相交代自己的罪行，争取宽大处理。等我揭发出来，那可要罪上加罪喽！"

围观的群众也七嘴八舌地说："快去找布直首相认错吧！"刘金慢腾腾地向首相府走去。

丁当紧紧地握住小不点的手说："谢谢你的帮助。"

"没什么，没什么。"小不点反而有点不好意思，他问，"你用卡片猜年龄玩得漂亮，连我这个算命先生都被你蒙了，能不能教教我？"

丁当笑着说："谈不上教你，我也是刚刚学会的，咱们一起研究吧。我用的也是二进制数，甲、乙、丙、丁、戊、己合在一起代表了一个六位的二进制数。当你

回答某个表上有你的岁数时，相应地这一位上就记 1；如果没有，相应地这一位上就记 0。"

小贝在一旁说："还是举个具体的例子说说，容易讲明白。"

"好的。刚才的那位叔叔按照六张表的顺序回答有、有、没有、没有、没有、有，写成二进制数就是 110001。"丁当对小不点一努嘴说，"算命先生，你一定会把它化成十进制数吧？"

"那是当然。"小不点很快就写出：

$1 \times 2^5 + 1 \times 2^4 + 0 \times 2^3 + 0 \times 2^2 + 0 \times 2^1 + 1 \times 2^0 = 32 + 16 + 1 = 49$

丁当说："我刚才算的就是 49 岁。"

"小胖回答的是没有、没有、没有、有、有、没有。我来算算小胖的年龄。"小不点先写出 000110，把它化成十进制数是 $0 \times 2^5 + 0 \times 2^4 + 0 \times 2^3 + 1 \times 2^2 + 1 \times 2^1 + 0 \times 2^0 = 4 + 2 = 6$，然后说："小胖 6 岁。"

小不点又问："丁当，你能告诉我，这六张表是怎样造出来的吗？"

"当然可以。请你先把 58 化成二进制数。"

小不点用短除法来化："58 化 成 二 进 制 数 是 111010。"

丁当指着六张表说："这个二进制数从左到右是 1、1、1、0、1、0，而 58 就相应出现在甲、乙、丙、戊表中。"

```
2 | 5 8
2 | 2 9 ..........0
2 | 1 4 ..........1
  2 | 7 ..........0
  2 | 3 ..........1
  2 | 1 ..........1
    0 ..........1
```

"噢，我明白了。"小不点说，"你

是把从 1 到 63 的数都化成六位的二进制数，让每一位数都对应着一个表。如果这一位上的数字是 1，就把这个十进制数写到相应的表中；如果这一位上的数字是 0，就不写在相应的表中。"

丁当夸奖说："小不点，你可够聪明的。"

"马马虎虎。"小不点笑着说，"利用你这张表，我可以把 1 到 63 中每一个数的二进制表示法直接写出来。比如 37，它出现在甲、丁、己表上，因此 37 化成二进制数是 100101。"

圆圆问小不点："密码破案又是怎么回事？"

小不点说："这个把戏我刚刚耍过。方方上来抽纸条，丁当拿的纸条都一样，不管抽哪张，都写着'小不点没偷图纸'。你抽时也是一样。"

圆圆笑着说："原来是这么回事。"

一个摩托兵飞速赶到，他向丁当行了个举手礼说："布直首相有请，说有要事相商。"

数学高手

二进制与年龄

本故事中是利用二进制数巧设密码，把 1 ~ 63 的数都化成六位二进制数，让每一位数都对应着一个表。丁当之所以说他能猜 63 岁以下的所有年龄，是因为当年龄在 6 个表中都出现时，所得十进制数是 111111，转换成十进制数就是 63。如果想猜中 63 岁以上的年龄，就要相应增加表格。

试一试

看着故事中的表，张老师的回答是：有、没有、有、有、没有、有，请问张老师的年龄是多少？

19. 古算馆历险

布直首相派人把丁当和小贝请回首相府。

布直首相说："二位来到敝国以后，打了数学擂台，探了数学宫，游了野生动物园，你们觉得怎么样啊？"

小贝抢着说："很好玩呀！通过参观、游览，我俩开阔了眼界，增长了知识，还外带点探险，蛮有意思。嘿嘿……"说完了，小贝一阵傻乐。

布直首相笑着说："看来二位余兴未尽，我再推荐一处，二位不妨一游。"

"什么地方？"

"中国古算馆。"

小贝眨巴着大眼睛问："你们弯弯绕国干吗要设中国古算馆？"

布直首相站起身，来回踱了几步说："你们中国有着灿烂的文化，古代数学在世界上也是领先的。我开设中国古算

馆，就是号召弯弯绕国的居民要好好学习中国的古代数学。"

小贝拍着丁当的肩头说："咱们作为中国人，这古算馆可要走一趟！"

丁当很冷静地问："馆里有什么危险吗？"

"哈哈！"布直首相笑着说，"我所设计的殿、堂、会、馆都有机关埋伏。中国古算馆里无非装有中国的古代兵器，有刀、枪、剑、戟、斧、钺、钩、叉等十八般兵器，外加利箭、铁丸等暗器。怎么，害怕了？"

丁当回答："没什么可怕的，我们去！"小贝听了布直首相这么一介绍，可有点儿吃不住劲儿了。他一个劲儿地拉丁当的衣角，冲着丁当挤眉弄眼带摇头。丁当假装没看见。

"好样的！只有勇敢者才能登上科学的高峰。丁当，我就喜欢你的勇敢和冷静。"布直首相向下一招手，"来人，送丁当和小贝去中国古算馆。"

两人在士兵的带领下向中国古算馆走去。丁当走在前头，小贝噘着大嘴，耷拉着脑袋，一声不响地跟在后面。

"小贝，你怎么啦？"

"怎么啦？十八般兵器，外加利箭、铁丸，哪样砸在脑袋上也是一个窟窿，你就不怕死？"

丁当扑哧一声笑了，说："咱俩闯了数学宫、野生动物园，你也没受到半点伤害啊！"

前面出现了一座红墙绿瓦的宫殿式建筑，朱红色大门的上方挂着一块牌匾，上面写着五个金光闪闪的大字：中国古算馆。

士兵很有礼貌地说："二位请进吧。"说完转身走了。

"怎么打开这扇门？还是我先进去看看吧。"小贝说完就走到门前，仔细查看这扇大门。突然，他大声喊道："丁当，你快来看，这儿有一张图！"

丁当跑过去一看，门上有一张图，是正放着的一大一小两个正方形，在它们的上方还斜放着一个正方形。图涂有青、红两种色，还注有数码。

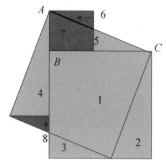

小贝问："这图什么意思?"

丁当仔细端详这张图，从口袋里掏出一支笔，在图上写出 A、B、C 三个字母，说："小贝，三角形 ABC 显然是个直角三角形，而大、中、小三个正方形，是分别以这个直角三角形的三边为边画的。看这意思，是让咱俩用这个图来证明勾股定理。"

"这可怎么证啊?"

"我国古代常用'移补凑合法'——古希腊叫作'割补法'——来证明几何定理。"丁当指着图说，"如果能把正放着的一大一小两个正方形，全部拼到斜放着的正方形上去，并且刚好把它填满，就证明了以 AB 为边和以 BC 为边的两个正方形的面积之和，等于以 AC 为边的正方形的面积。"

"我明白了。"小贝摇晃着脑袋说，"分别以 AB、BC 和 AC 为边的正方形的面积，等于 AB^2、BC^2 和 AC^2。由面积相等，可以推出 $AB^2+BC^2=AC^2$，这就是勾股定理。"

"说得对！"丁当点了点头。

"我来割补一下。"小贝伸手拿下写着 2 的一块直角三角形，贴补在由 5 和 7 组成的直角三角形上。小贝刚刚贴好，两扇门就打开了。小贝正想探头往里瞧，只听门里咯噔一响，一支冷箭射了出来。亏得小贝平时踢足球，练就了一身硬功夫，只见他头往下一低，顺势来了个侧滚，箭擦着他的头皮飞了过去。

"我的妈呀！"这一箭吓得小贝出了一身冷汗，他回头再看大门，又关得严严的。

这一箭射得太突然，把丁当也吓了一跳。丁当镇定了一下说："你把 2 贴到 5 和 7 上，贴得不对，才招来这一箭。"

"没错呀！这两个直角三角形的股和弦分别对应相等，是全等三角形，肯定能对得上！"小贝有些不服气。

"7 这个直角梯形已经在斜正方形里面了，你再贴上一块不就重复了吗？"

"照你这么说，应该把 2 贴到 4 上才对。"小贝嘴里虽然这样说，可是却不敢再动手去试了。

 丁当说："2和4全等，3和5全等，6和8全等，应该这样移补。"丁当将2放置到4，将3放置到5，再将6放置到8。刚刚贴好，两扇大门突然大开，小贝害怕门里再射出冷箭，赶忙趴在地上。

 门里没射出箭，却走出一位身穿古铜色长袍、腰束丝带、头梳发髻的长者。老人高兴地说："是哪位后生谙熟我的'青朱出入图'，这可是个难得的人才啊！"

数学高手

勾股定理

直角三角形两直角边的平方和等于斜边的平方，这一特性叫作勾股定理或勾股弦定理，又称毕达哥拉斯定理或毕氏定理，用公式表示就是 $a^2+b^2=c^2$，其中 (a、b、c) 叫作勾股数组。

勾股定理现约有 400 种证明方法，故事中提到的"青朱出入图"，是东汉末年数学家刘徽根据"割补术"，运用数形关系证明勾股定理的几何证明法，特色鲜明、通俗易懂。

试一试

直角三角形一条直角边与斜边分别为 8 厘米和 10 厘米，则斜边上的高为（　　　　）。

　　小贝从地上爬起来，气势汹汹地指着老人说："不用问，你一定是这个古算馆的看门人，刚才那一箭准是你射的！"

　　老人连连摆手说："不对，不对。我不是看门人，我乃孙子是也。"

　　丁当冲老人一抱拳说："原来您是大名鼎鼎的数学家孙子，久仰，久仰。"丁当回头对小贝小声说："他准是布直首相制作的机器人孙子。"

　　孙子说："你们要了解中国的古算，可以看我写的《孙子算经》，此书最早问世时间大约是公元 5 世纪。"说完，孙子领丁当和小贝来到一个小门前。

　　孙子说："要了解《孙子算经》的详细内容，请进此门。"

　　丁当向孙子道过谢，推门往里走，小贝也跟了进去。

　　小贝说："这位孙子叫咱俩念经，和尚才念经呢！"

　　听了小贝的话，丁当扑哧一声笑了："古代把书叫作经，《孙子算经》就是孙子写的数学书。"

小贝刚想说什么，只见两名身着古装的男子围着一个大铁笼在争吵，见丁当、小贝走了进来，立刻停止了争吵。

一个身高体壮的黑脸汉子把小贝提了起来，像提小鸡一样提到了大铁笼子边。

黑大汉瓮声瓮气地说："这个笼子里有鸡又有兔，数头有 35 个，数腿有 94 只。我们俩都说不准笼子里有几只鸡和几只兔，你来给算算。"

小贝慢腾腾地问："求人家帮忙，怎么能这样蛮横无理？我要是不给你算呢？"

"不给我算？"黑大汉单手把小贝抢了起来，"不给我算，我就把你扔出去！"

"救命！救命！"小贝大声呼救。

丁当挺身而出，厉声喝道："把他放下！我来替你算！"

黑大汉放下小贝，小贝抹了抹头上的汗说："我差点做了'飞机'！丁当，你会做吗？"

　　丁当从一张小桌上拿起线装书，上面写着《孙子算经》。

　　丁当说："他提的是著名的'鸡兔同笼'问题，《孙子算经》里最早提出了这个问题。咱们看看书里是怎样解的。"说完翻了几页。

　　"找到了！"丁当写出：

$$兔的数目 = \frac{1}{2} × 足数 - 头数$$

　　"我来算！"小贝开始计算：

$$兔的数目 = \frac{1}{2} × 94 - 35 = 47 - 35 = 12 （只）$$

$$鸡的数目 = 35 - 12 = 23 （只）$$

　　黑大汉客气地对小贝说："你算对了，请往下走。"

　　"哼！"小贝神气十足地拉着丁当走了。

　　没走多远，就见一名古代妇女在河边洗刷一大摞碗。

　　小贝好奇地走过去问："您怎么刷这么多碗呀？"

　　妇女回答："家里来客人了。"

数学高手

鸡兔同笼问题

　　对于故事中的题目，我们也可以先假设笼中全是鸡，那么应该有腿 35×2=70。而题目中说有腿 94 条，少算了 24 条，原因是我们把笼子中兔子的腿当成鸡的腿来计算了。每只兔子少算了 2 条腿，只有当兔子的数量为 12 只时，才能把少算的 24 条腿补上。

　　此类问题需要用到的公式如下：

　　（总脚数－每只鸡脚数×总头数）÷2=兔数；

　　总头数－兔数＝鸡数；

　　（每只兔脚数 × 总头数－总脚数）÷2=鸡数；

　　总头数－鸡数＝兔数。

试一试

　　有鸡、兔共 36 只，它们共有脚 100 只，问鸡、兔各有多少只？

"来了多少客人，要用这么多碗？"

妇女笑着说："2个人给一碗饭，3个人给一碗鸡蛋羹，4个人给一碗肉，一共要用65只碗。你算算我们家来了多少客人。"

小贝轻轻地打了一下自己的嘴巴："真多嘴！问人家来了多少客人干什么？你看，又问出问题来了！"

丁当笑着说："自己招的事，自己解决！"

"幸灾乐祸！"小贝一扭脖子说，"我来算！"

小贝想了半天也没想出个解法。妇女在一旁催促说："算出来没有？"

小贝对丁当说："哥们儿，还是帮兄弟一把吧，这个问题能从哪儿入手？"

丁当提示说："如果能求出每个客人占多少只碗，就可以求出客人的数目。"

"每人占多少只碗呢？"小贝边解边想，"2个人给一碗饭，每人占$\frac{1}{2}$只碗；3个人给一碗鸡蛋羹，每人占$\frac{1}{3}$

只碗；4个人给一碗肉，每人占 $\frac{1}{4}$ 只碗，合起来，每人占 $\left(\frac{1}{2}+\frac{1}{3}+\frac{1}{4}\right)$ 只碗。"

丁当接着往下算："客人数等于 $65 \div \left(\frac{1}{2}+\frac{1}{3}+\frac{1}{4}\right)$ $=65 \div \frac{13}{12} =65 \times \frac{12}{13} =60$ 人。"

妇女高兴地说："你俩解决的是《孙子算经》上的一道名题'河边洗碗'。你们继续往前走吧！"

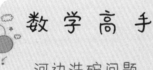

数学高手

河边洗碗问题

　　故事中的题目还可以换种方法来解。"2人一碗饭，3人一碗羹，4人一碗肉"，无论分饭、分羹、分肉，都没有零头，可见人数同时是2、3、4的倍数。2、3、4的最小公倍数是12。如果把每12个人编成一组，那么从12÷2=6，12÷3=4，

数学高手

$12 \div 4 = 3$，可知每一组要供应6碗饭、4碗羹、3碗肉，因而每组所用碗的个数是$6+4+3=13$。客人一共用碗65个，$65 \div 13 = 5$，所以共有5组客人。因此，总人数是$12 \times 5 = 60$。

试一试

一群人来饭店吃饭，如果一人一个饭碗，两人一个汤碗，三人一个菜碗，一共需要55个碗，请问有多少人用餐？

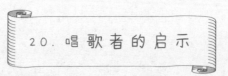

20. 唱歌者的启示

忽然传来一阵歌声，有人正在唱道：

"三人同行七十稀，五树梅花廿一枝。

七人团圆月正半，除百零五便得知。"

　　小贝对什么都好奇，拉着丁当就走："咱俩看看谁在唱歌。"两人左转右转也没找到唱歌的人。走出一道小门，前面是练兵场，场上有些身穿盔甲的士兵，正在一员大将的指挥下操练。士兵们各举刀枪，或劈或砍，或扎或挑，动作刚健有力，刀光剑影，杀声阵阵。小贝也喜爱武术，看到精彩处，不禁大声叫好。

　　大将军听到有人叫好，把手中宝剑向小贝这边一指，大喝一声："将此二奸细给我拿下！"四名士兵跑了上来，不容分说将丁当和小贝上了绑，随后推进一间小屋，锁上门。尽管小贝大声呼叫，仍无人理睬，练兵场上仍然杀声震天。

　　小贝丧气地说："唉，你说有多倒霉！就看了两眼舞剑，咱俩成特务了。"丁当没说话，只是淡淡地一笑。

　　过了好一会儿，门声一响，将军走了进来。他看了两人一眼，问："你们是来刺探军情的吗？好大胆！"

勇闯数王国

　　"哪儿的话？我们是来参观古算馆，学习数学的。军事情报对我们有什么用？"小贝一肚子不高兴。

　　"学习数学？"将军眼珠一转说，"这样吧，外面操练的士兵不足 100 名。我让他们报数，一共报 3 次。如果你们能准确地说出我有多少士兵，说明你俩是来学数学的。如若不然，必是奸细无疑，要就地正法！"说完转身就走。

小贝一跺脚："又是砍头，看来我这脑袋是要换个地方了。"

"嘘——"丁当示意小贝不要说话，只听外面一个士兵正在向将军报告。士兵说："启禀大将军，士兵3个3个地报数，最后剩下2名士兵；5个5个地报数，最后剩下3名士兵；7个7个地报数，最后也剩下3名士兵。"

丁当小声对小贝说："咱俩要根据3次报数的结果，算出有多少士兵。"

"这可怎么算？我反正算不出来。"小贝没办法，丁当也束手无策，两人相对无语。

忽然，丁当对外面喊："快给我松绑，捆着双手我怎么算？"没过一会儿，进来两名士兵给两人松了绑。

丁当说："咱俩要想办法找一个小于100的自然数，使得它被3除余2，被5除余3，被7除也余3。"

"对！咱俩就挨个试吧。"

"不成，那样做计算量太大，要想个别的办法。"丁当低头沉思。

忽然，外面"三人同行七十稀"的歌声又起。小贝焦躁地说："人家都快要被就地正法了，他唱得还有滋有味的。"

"慢着。"丁当激动地说，"他歌词的头三句是三人、五树、七人。这和三三报数、五五报数、七七报数不谋而合呀！"

小贝不以为然地摇摇头说："你纯粹是瞎琢磨，我看不出有什么关系。"

"'三人同行七十稀'，这 70 可以被 5 和 7 整除，而被 3 除余 1。如果是 70×2 呢？它不但能同时被 5 和 7 整除，而且被 3 除余 2，这不就是三三报数余 2 吗？好了，有门儿！"丁当这一喊，把小贝吓了一跳。

"'五树梅花廿一枝'，21×3 可以同时被 3 和 7 整除，而且被 5 除余 3；'七人团圆月正半'，半个月是 15 天，15×3 可以同时被 3 和 5 整除，而且被 7 除余 3。"丁当在地上边写边说，"数 M 就满足要求，找到啦！"

$$M=70×2+21×3+15×3$$

小贝摇摇头："不对，不对。这个 M 得 248，超过 100。"

"歌词最后一句是'除百零五便得知',105 是 3、5、7 的最小公倍数,将 248 减去 105×2 得 N,N 就是所求。"丁当又写出:

$$N=70×2+21×3+15×3-105×2=38$$

小贝用力敲门,大声喊:"喂,快开门!我们算出来啦,一共有 38 名士兵。"

门开了,将军说:"嗯,算得不错。把他俩押走。"

小贝问:"还要把我们押到哪儿去?"

数学高手

带余数除法

　　故事中的解题之歌的意思是:"用除以 3 得到的余数乘以 70,用除以 5 得到的余数乘以 21,用除以 7 得到的余数乘以 15。把这 3 个乘积相加,如果和大于 105,就减去 105,直到小于 105 为止。"

数 学 高 手

这是一道带余数除法的题目，也可以采用逐步满足条件法来解。当找到满足某个条件的数后，为了再满足另一个条件，需要对数进行调整，调整时注意要加上已满足条件中除数的倍数。如故事中，先找出满足3和5条件的最小数，然后在不改变余数的基础上求出满足7的数：

先试一试2+3×2=8，能满足"除5余3"的条件。

再试一试8+[3，5]×2=38能满足"除7余3"的条件。所以符合条件的最小的自然数是38。

（注:[3，5]为3和5的最小公倍数。）

试一试

一个数除以5余3，除以6余4，除以7余1，求符合条件的最小的自然数。

21. 路经纠纷村

丁当、小贝被士兵押出古算馆，小不点正在门口等着他俩。

小不点对士兵说："把他俩交给我好了！"士兵答了一声"是"，转身就回去了。

小不点笑嘻嘻地问："古算馆好玩吗？"

"好玩？"小贝瞪大眼睛说，"脑袋差点没搬家！"

丁当说："小不点，请带我们去见布直首相吧，我们该回家了。"

小不点眼珠一转："好的，好的，请跟我走吧！"两人跟着小不点转了好大一阵子，在一个村子前停住了。

小不点指指自己的肚子说："我上厕所，你们等我一会儿。"

两人等了好半天，总不见小不点出来。小贝跑进厕

所一看，哪里有小不点的影儿？

"嘿，咱俩又上了小不点的当！他溜了！"小贝气得满脸通红。

丁当笑着摇了摇头："小不点可真狡猾，又半道把咱俩扔了。只好进村打听一下怎么走了。"两人进了村，村子不大，只见村头立着一个牌子，上写"纠纷村"。丁当一看到牌子转身就走。

小贝一把拉住丁当问："为什么不进村问路了？"

"你没看见这是个纠纷村吗？咱们赶紧回家，别去招惹麻烦了。"说完，丁当还是要走。

"咱们进村看看有什么纠纷事。常言道'路见不平，拔刀相助'嘛！走，进村看看。"小贝硬拉着丁当进了村。

在一家门口，兄弟三人在争吵着什么。小贝凑过去看热闹，被大哥一把拉住。

大哥说："你来给我们解决一下纠纷吧！我父亲养了17只羊，他去世后在遗嘱中要求将17只羊按比例分给我们三个儿子。"

小贝好奇地问："你父亲让你们怎样分呢？"

大哥接着说："老大分 $\frac{1}{2}$，老二分 $\frac{1}{3}$，老三分 $\frac{1}{9}$。在分羊时不允许宰杀羊。你给我们哥仨把羊分了。"

"这个问题简单，看我的！"小贝捋了捋袖子，蹲下来边写边说，"老大分 $17 \times \frac{1}{2} = \frac{17}{2} = 8\frac{1}{2}$ 只。唉，怎么出现半只羊了？你父亲是不允许宰杀羊的！"

老二过来一把将小贝从地上揪了起来，问："这是谁算的？这是你算的吗？你自己算的还问谁呀？"

小贝把手中的木棍狠狠地扔在地上，说：'这 17 只羊没法分！"

老三紧走几步，一把揪住了小贝的脖领子："你不是说简单吗？简单你怎么分不出来？分不出来，你俩谁也别想走！"

小贝一脸苦相，他解释说："17 是个质数，它既不能被 2 整除，也不能被 3 和 9 整除，丁当，这可怎

么分啊？"

　　丁当看见不远处有一个牧羊人，他跑过去和牧羊人

说了些什么，然后牵着一只羊跑了回来。

丁当说："我借给你们1只羊，这样18只羊就好分了。老大分 $18 \times \frac{1}{2} = 9$ 只，老二分 $18 \times \frac{1}{3} = 6$ 只，老三分 $18 \times \frac{1}{9} = 2$ 只，合在一起是9+6+2=17只，正好是17只羊，还剩下1只羊，牵走还给那位牧羊人。"

兄弟三人一同竖起了大拇指说："还是丁当的主意高！"

小贝吐了一下舌头说："这题可真够难的。"

"我不叫你进这个纠纷村，你非要进，咱俩快走吧！"丁当快步往前走。

"站住，站住！"从远处跑来四个大汉。

领头的一个黑大汉说："听说你俩专会解决纠纷，快给我们解决一下纠纷吧！"

小贝问："你们贵姓？干什么的？"

黑大汉说："我们四个人依次姓赵、钱、孙、李，同在一个工厂里干活。经理说，赵比钱干得多；李和孙干

数学高手

按比例分配

这是典型的按比例分配问题，就是把一个数按照一定的比分成若干份。这类题的已知条件一般有两种形式：一种是用比或连比的形式反映各部分占总数量的份数，另一种是直接给出份数。从条件看，已知总量和几个部分量的比；从问题看，求几个部分量各是多少。其中，总份数等于比的前后项之和。

解题时，首先，把各部分量的比转化为各占总量的几分之几，把比的前后项相加求出总份数；其次，按照求一个数的几分之几是多少的计算方法，分别求出各部分量的值。

如遇到故事中的情况，可以巧妙灵活的借数或减数，使满足要求。

试一试

用 60 厘米长的铁丝围成一个三角形，三角形三条边的比是 3∶4∶5。请问三条边的长各是多少厘米？

活的数量之和，与赵和钱干活的数量之和一样多；可是，孙和钱干活的数量之和，比赵和李干活的数量之和要多。我们四个人都说自己干得多，你给我们排个一二三四吧！"

小贝手抓着脑袋说："这么乱，我从哪儿下手给你们解决呀？"

丁当小声提示小贝说："其实只有三个条件，你一个一个地考虑嘛！"

"好，我一个条件一个条件地给你们考虑。先给你们列三个式子。"小贝在地上写着：

赵＞钱　　　　　　　　（1）

李＋孙＝赵＋钱　　　　（2）

孙＋钱＞赵＋李　　　　（3）

小贝小声地问丁当："往下可怎么做啊？"

丁当小声说："用（3）式减去（2）式。"

"对，（3）式减去（2）式就成啦！"小贝又写道：

∵孙＋钱－（李＋孙）＞赵＋李－（赵＋钱），

孙＋钱－李－孙＞赵＋李－赵－钱，

钱－李＞李－钱，

移项：2钱＞2李，

∴钱＞李。

"这就算出来钱比李干得多！可以排出赵＞钱＞李。你们三个人数姓赵的干得多。"小贝挺高兴。

姓孙的凑过来问："我呢？"

"你别着急啊！"小贝说，"把（2）式变变形：

钱－李＝孙－赵

∵钱－李＞0，

∴孙－赵＞0，

即：孙＞赵。"

小贝郑重地宣布："姓孙的第一，姓赵的第二，姓钱的第三，姓李的最末！"

数学高手

消元法解题

小贝的解题思路是消元法。即根据题中数据特点，通过分析比较，去同存异，设法抵消掉其中的一个或两个未知数，只剩下一个未知数。先求出这个未知数，再根据数量关系或不等式关系，求出其他的未知数。

用消元法解答较复杂的应用题，会用到等式的基本性质：在等式的两边同时乘以或除以同一个数（0除外），等式仍然成立。

试一试

学校买来11根跳绳和9个皮球，共用去69元，后来又买了同样的7根跳绳和3个皮球，共用去33元，问每根跳绳和每个皮球各多少元？

22. 告别联欢会

丁当和小贝来到了首相府，布直首相亲自到门口迎接。首相府今天别有一番景象，府里张灯结彩，敲锣打鼓，一条大红横幅上写着"丁当、小贝告别联欢会"。

布直首相亲切地慰问："一路辛苦！"

丁当不好意思地说："我俩到贵国主要是来学习的，怎么好让您开这样盛大的欢送会！"

布直首相笑着说："人才难得啊！我非常喜爱数学人才，你们两人都是不可多得的数学天才啊！"

"我？"小贝心想，"我这个足球前锋也成了数学天才啦？"

"丁当、小贝，快来玩呀！"是圆圆和方方在叫他俩。两人跑过去一看，圆圆和方方正在玩"蒙眼猜石头"。

一提玩，小贝就来精神了，他说："怎么玩？算我一个。"

圆圆介绍说："这儿有 30 个石子，还有红、黄两个筐。一个人用布把眼蒙上，另一个人把石子往两个筐子里扔。取一个石子时，就往红筐里扔；取两个石子时，就往黄筐里扔。每扔一次要拍一下手，每次不许不扔，也不能扔出多于两个的石子。蒙着眼睛的人要根据听到的拍手次数，说出红筐、黄筐里各扔进多少石子。"

"好玩，好玩，我来试试！"小贝要求圆圆把他的眼蒙上。

圆圆分别往两个筐子里扔石子，扔一次拍一次手，一共拍了 18 次手。

方方问："小贝，你快说，红筐和黄筐里各有多少个石子？"

"快不了，我要心算一下再告诉你。"小贝蒙着眼睛，口中念念有词，那模样十分滑稽，逗得圆圆和方方哈哈大笑。

小贝说："好了，我算出来了。设往红筐里扔了 x 次，那么往黄筐里必然扔了 $(18-x)$ 次。列个方程——

$$x+2\ (18-x)\ =30$$

"解得 $x=6$，$18-x=12$。

"也就是说，往红筐里扔了 6 次，共 6 个石子；往黄筐里扔了 12 次，共 24 个石子。"小贝拉下蒙眼布一数，一个也不差。

数 学 高 手

列方程解应用题

已知总数，求单个的个数，可以用列方程的方法来解。假设其中一个为 x，另一个用含有 x 的式子表示，根据题意列出方程，即可求出单个的个数。

试一试

小明去商店，买一支铅笔需要 0.2 元钱，一个本子需要 0.5 元钱，他花了 6 元钱买了 18 个本子和铅笔，问小明买了铅笔、本子各多少？

　　"小贝算是算对了，就是慢了点。这次让丁当来个快的。"方方说着就给丁当蒙上了眼睛。

　　方方拍了 21 下手，丁当脱口说出红筐里有 12 个石子，黄筐里有 18 个石子。

　　小贝惊奇地问："你怎么算得这样快？列个方程也要点时间啊！"

　　"我没有列方程。"丁当解释说，"我听到拍了 21 下手，如果这 21 次都是扔向黄筐的，黄筐里应该有 42 个石子，可是，实际上总共只有 30 个石子，这说明我多算了 12 个石子，怎么会多算了呢？原因是我把扔向红筐的 12 次，错算为扔向黄筐了。实际上，应该向红筐扔了 12 次，红筐里有 12 个石子；向黄筐里扔了 9 次，黄筐里有 18 个石子。"

　　小贝拍了一下丁当的肩膀说："还是你会动脑子！"

　　"小贝，快来。我这儿有好玩的！"小贝一看是小不点在叫他。

　　小贝假装生气地说："好个小不点，半路上你又把我们扔了，看我不揍你！"说着举起拳头就要打。

数学高手

假设法解题

　　对于扔石子的问题，我们还可以用假设法来求解。如故事中假设21次全部扔向黄筐子，每次向黄筐子扔2个石子，黄筐子里应该有42个，而现在总数是30个，多出的12个就是扔向红筐子里的数量。

试一试

　　小明从树上摘30个苹果放进红绿两个盒子，每放一次就吹一下口哨。一次摘下1个就放进红盒子，一次摘下2个就放进绿盒子。摘完苹果时共吹口哨18声。问两个盒子里各有几个苹果？

　　"饶命，饶命！和你俩开个玩笑，请别当真。"小不点一个劲儿说好听的。

　　小贝问："有什么好玩的？"

　　小不点说："咱俩来个'抢石子'的游戏吧。"

"怎么个抢法？"

小不点拿出 18 个滚圆的小石子，分成 7 个一堆和 11 个一堆，他说："咱俩轮流拿石子，每次可以从一堆中任取几个，也可以同时从两堆中取相同数量的石子。轮到谁，就一定要拿，谁最后拿光了石子，谁就算赢。"

小贝又问："赢了有什么奖赏，输又有什么惩罚？"

小不点笑着眨了一下眼睛："你赢了，我求布直首相奖给你一个大足球；你输了，我在你脑门上轻轻地弹一下。"

"好吧，我先拿。"小贝伸手从 11 个一堆的小石子中拿走了 10 个，小不点赶紧从 7 个一堆的里头拿走 5 个。一堆剩下两个石子，一堆剩下一个石子。小贝从有两个石子的那堆里拿走一个，小不点把剩下的两个一齐拿走了。

小贝瞪圆了眼睛问："你怎么两堆一齐拿呀？"

小不点两眼一翻说："我刚才说得很清楚，可以同时从两堆中取相同数量的石子嘛。现在每一堆都只剩下一个，我当然可以一起拿了！"小贝认输，小不点在小贝的大脑门上轻轻地弹了一下。

　　"我是铜头，不怕弹！这次我两堆一起拿。"小贝从每堆中各拿走 3 个石子，这时一堆还剩 8 个，另一堆还剩下 4 个石子。小不点从两堆中各拿了一个，一堆还剩下 7 个，另一堆还剩下 3 个；小贝从有 7 个石子的那堆里拿了一个，小不点也从这堆里拿了一个，剩下是 5 个一堆和 3 个一堆；小贝从两堆中又各拿走了两个，剩下 3 个一堆和一个一堆。小不点又从有 3 个石子的那堆中拿走一个，说："你又输了！"小贝一看和上局一样，剩下的是两个一堆和一个一堆。小贝脑门儿又被弹了一下。

　　小贝是一局接一局地输，小不点弹脑门儿的劲头也越来越大，硬在小贝脑门儿上弹起一个大包。

　　小贝捂着脑袋找丁当替他报仇。丁当走过来想了一下，从有 11 个石子的那堆中拿走 7 个，剩下 7 个一堆和 4 个一堆。小不点从有 7 个石子的那堆中拿走两个，丁当立刻从两堆中各拿走 3 个，剩下两个一堆和一个一堆。

　　小不点一拍脑袋说："坏了，我输啦！"

　　"你输了，我来罚！"小贝抱着小不点的脑袋，运足了力气，狠狠地在脑门上弹了一下，眼看着小不点的脑门上鼓起一个大包。

小不点捂着脑袋喊道："你赢了，不是给你足球吗？"

小贝咧着大嘴笑着说："我不要足球了，咱俩一人来个包吧！"

小不点不服气，从腰里又掏出一把石子，摆成12个一堆、18个一堆。丁当稍想了一下，只从有12个石子的那堆中取走一个石子，小不点从有18个石子的那堆中取走6个，剩余11个一堆和12个一堆；丁当从11个一堆中只拿了一个，小不点从12个一堆中也拿了一个，还剩下10个一堆和11个一堆；丁当从11个一堆中拿走5个，小不点也从10个一堆中拿走5个，剩余6个一堆和5个一堆；丁当从6个中拿走3个，小不点也从5个中拿走3个，剩下3个一堆和两个一堆；丁当从两堆中各拿走一个，剩下两个一堆和一个一堆。

"小不点又输喽！"小贝又要弹脑门儿，吓得小不点捂着脑袋跑出老远。

小不点连玩几局都是每局必输！

小不点问："你这里有什么诀窍吗？"

"当然有啦！"丁当笑着说，"我掌握着一组胜利数，每战必胜！"

小不点和小贝都要求把胜利数写出来，丁当并不保密，立刻写了出来。

胜利数编号	1	2	3	4	5	6	7	8
甲堆石子数	1	3	4	6	8	9	11	12
乙堆石子数	2	5	7	10	13	15	18	20

丁当解释说："我每次取石子的原则是，使剩下的两堆石子正好是表上给出的一组数。比如第一次是 7 个一堆和 11 个一堆，我从 11 个中取走 7 个，使剩下的两堆石子数是 7 和 4，这正好是第三组胜利数；第二次是 12 个一堆和 18 个一堆，我从 12 个中取走一个，使剩下的两堆石子数是 11 和 18，这正好是第七组胜利数。只要剩下的是胜利数，我就一定赢了！"

小不点又问："这个表又是怎样造出来的呢？"

丁当指着表说："第一对是 1 和 2，从第二对开始，甲堆的数是前面没出现过的最小自然数，而乙堆的数是甲堆的数加编号。比如第二对，甲数是 3，乙数就是 3+2=5。"

告别的时候到了，布直首相送给丁当和小贝每人一套数学书，又特别送给小贝一个足球。

布直首相亲自把两人送到弯弯绕国的边境，目送丁当和小贝消失在远方。

数学高手

博弈问题

　　在两堆石子中取石子，最后取到石子的人获胜，这属于博弈问题。在取石子的时候，只要剩下的两堆石子正好是一组胜利数，就一定会赢。根据丁当所讲胜利数表的原则：从第二对开始，甲堆的数是前面没有出现的最小自然数，而乙堆的数是甲堆的数加编号，我们就可以轻松推断出后面的胜利数：

胜利数编号	1	……	8	9	10	11	12	13	14
甲堆个数	1	……	12	14	16	17	19	21	22
乙堆个数	2	……	20	23	26	28	31	34	36

试一试

　　有两堆纸牌，小明和小花两个人轮流取，每次可以从其中一堆取若干张，也可以在两堆中取相同的张数，取得最后一张牌为胜，怎样取才能获胜？

试一试答案

第 6 页　　25

第 11 页　　14 楼，3 岁，3 岁，8 岁

第 16 页　　1 只

第 21 页　　10、9、7、3、0

第 30 页　　23 人

第 32 页　　4 个

第 36 页　　34 个

第 38 页　　56

第 44 页　　奇数

第 54 页　　$1992 = 2 \times 2 \times 2 \times 3 \times 83$，92

第 63 页　　1981

第 65 页

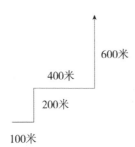

第 73 页　　图 1 奇点的个数是 0，能一笔画出；图 2 奇点的个数是 8，

　　　　　　不能一笔画出。

第 78 页　　椭圆的透镜有汇聚光线的作用，老花镜将镜面做成椭圆

面，使近处物体发出的光线会聚，经过晶状体成像在视网膜上。

第 84 页　在街道对面做 A 点的对称点 A'，连接 B 和 A'，与直线 L 交于 C 点。

第 89 页
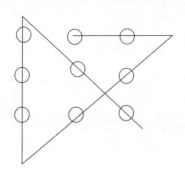

第 99 页　368 = ②③ × ①⑥

第 106 页

2	16	15	5
13	7	8	10
9	11	12	6
14	4	3	17

第 112 页　302

第 116 页　35 种

第 122 页　不可以

第 127 页　电影放映机的光源放在椭圆的一个焦点上，而片门（电影胶带经过的地方）安装在另一个焦点上。

第 132 页　A → 10 → 11 → 8 → 5 → 3 → 1 → 2 → 4 → 7 → 9 → 6 → 3 → B

第 138 页　　1111122222

第 146 页　　根据黄金分割，应站在舞台宽度的 0.618 处，音响效果
　　　　　　比较好，并且显得大方。

第 151 页　　15 个

第 158 页　　8 天

第 165 页　　4009

第 171 页

4	3	8
9	5	1
2	7	6

第 174 页　　我来这里是要被绞死。

第 180 页　　老三

第 183 页　　偶数

第 195 页　　3.6 千米

第 201 页　　82 米

第 205 页　　14 岁，3 月

第 216 页　　45 岁

第 223 页　　4.8 厘米

第 227 页　　兔 14 只，鸡 22 只

第 230 页　　30 人

第 236 页　　148

第 242 页　　15 厘米、20 厘米、25 厘米

第 245 页　跳绳 3 元，皮球 4 元

第 248 页　10 支铅笔，8 个本子

第 250 页　红盒子 6 个，绿盒子 24 个

第 256 页　按照胜利数表取就可以获胜。

数学知识对照表

	知识点	页码	对应故事	难度星级
数的认识与计算	分解质因数	54	丁当精彩秀	★★★★
	数字迷	62	半路被劫	★★★★
	横式数字谜	99	初探数学宫	★★★★
	二进制与十进制	112	再探数学宫	★★★★★
	黄金分割	146	金屋子里的奥秘	★★★★★
	数的整除	164	游野生动物园	★★★★
	二进制的妙用	201	小不点巧摆迷魂阵	★★★★★
	二进制与年龄	216	他是谁？	★★★★★
图形的认识与应用	位置问题	65	半路被劫	★★★
	一笔画	72	球场上的考验	★★★★
	妙用椭圆形	78	球场上的考验	★★★★
	轴对称问题	84	落入圈套	★★★★★
	一笔画问题	89	落入圈套	★★★
	一笔画问题	122	只身探索	★★★★
	椭圆焦点巧利用	127	只身探索	★★★★
	一笔画	132	画谜	★★★
	勾股定理	223	古算馆历险	★★★★

	知识点	页码	对应故事	难度星级
运算方法与规律	奇偶运算	44	小贝、丁当双打擂	★★★★
	四阶幻方	104	初探数学宫	★★★★★
	三阶幻方	170	口中余生	★★★★
	带余数除法	235	唱歌者的启示	★★★★★★
典型应用题	行程问题——火车过桥	195	寻找机密图纸	★★★★★
	巧算年龄和出生月份	205	小不点巧摆迷魂阵	★★★★
	鸡兔同笼问题	227	古算馆历险	★★★★
	河边洗碗问题	229	古算馆历险	★★★★★
	按比例分配	242	路经纠纷村	★★★★
应用题解法	反向推理法解题	16	数学擂台	★★★★★
	倒推法解题	38	小贝、丁当双打擂	★★★★★
	反推法解题	151	金屋子里的奥秘	★★★★★
	反证法解题	183	快乐与烦恼之路	★★★★★
	消元法解题	245	路经纠纷村	★★★★
	列方程解应用题	248	告别联欢会	★★★
	假设法解题	250	告别联欢会	★★★★
逻辑与推理	找规律填数	6	一封奇怪的邀请信	★★★★
	推算生日问题	11	一封奇怪的邀请信	★★★★
	插空排列问题	116	再探数学宫	★★★★★
	寻找数的规律	138	画谜	★★★★

	知识点	页码	对应故事	难度星级
逻辑与推理	蜗牛爬井问题	158	游野生动物园	★★★★
	悖论	174	口中余生	★★★★★
	简单推理	180	快乐与烦恼之路	★★★★
	博弈问题	256	告别联欢会	★★★★★★
日常应用数学	循环赛	21	数学擂台	★★★★★
	容斥原理	29	数学擂台	★★★★
	抽屉原理	31	数学擂台	★★★★★
	摸球问题	36	小贝、丁当双打擂	★★★★★

趣味数学题

◕ 井底之蜗　　蜗牛爬井问题　★★★★★

"井底之蛙"这个词大家都很熟悉，用来讽刺见识短浅的人。可是，你们知道"井底之蜗"吗？讲的是一只从二十尺深的井底往上爬的蜗牛：白天升七尺，夜里降二尺，几天爬出井？

答案：4 天

◕ 厨师巧烙饼　　合理安排时间　★★★★

3 位顾客要买 3 张饼。他们急于赶火车，限定时间不能超过 16 分钟。要烙熟一个饼的两面各需要 5 分钟，一口锅一次可放两个饼，那么烙熟 3 个饼就得 20 分钟。厨师老李说只要 15 分钟就行了。你知道老李是怎么做到的吗？

答案：先拿两张饼放进锅里，5 分钟后，把其中的一张翻过来，把另一张拿出来放到一边。把第三张饼放进锅里，再过 5 分钟后，取出已烙好的那张饼，把第三张饼翻过来，再把刚才拿出来的那张饼放入锅里，再过 5 分钟后，锅里的两张饼就都烙好了。

鸡和猫的数量　　鸡兔同笼　　★★★★

动物王国打起来了，鸡和猫组成联合阵营向害虫阵营杀过来！害虫们派出的两个侦察兵回来报告，蝗虫说："太多了，我数到它们有500个头！"老鼠说："差点没命回来，看不到头，只数到它们有1200条腿！"你能算出鸡、猫阵营中有几只猫、几只鸡吗？

答案：猫 100 只，鸡 400 只

仪仗队　　公倍数　　★★★★★

聪明国国王邀请数学高手小杰去聪明国做客，并为他举行了隆重的欢迎仪式。三军仪仗队边表演队列，边高声歌唱：

"一个旗手前头走，仪仗队员雄赳赳。

六人一排真整齐，八人一排没零头；

十人一排多两个，只好去当护旗手。

问你至少有几人，请你一个不要漏。"

看完队列表演，国王笑着对小杰说："你能算出我这个仪仗队至少有几人吗？"小杰想了想，很快就说出了答案。

答案：73 人

刁藩都的墓志铭　　列方程解题　　★★★★★

刁藩都是古希腊著名的数学家，他的墓志铭上写到：这里埋着刁藩都，墓碑铭告诉你，他生命的六分之一是幸福的童年，再活了十二分之一度过了愉快的青年时代；他结了婚，

可是还不曾有孩子，这样又度过了一生的七分之一；再过五年他得了儿子，不幸儿子只活了父亲寿命的一半，比父亲早死四年。刁藩都到底寿命有多长？

答案：84 岁

⊙ 猜帽子 　逻辑推理 　★★★★★

圣诞节晚会上，扮成圣诞老人的爱因斯坦给孩子们出了一道逻辑推理题：有五顶帽子，两顶红的，三顶黑的。拿其中三顶给三个人戴上（颜色不让他们看到），然后让他们根据所看到的另外两个人头上帽子的颜色，来快速判断自己头上帽子的颜色。有两个人看到另一个人头上戴的是红帽子，过了一会儿这两个人中有一个猜出了自己头上帽子的颜色，他是如何猜出的呢？

答案：因为红帽子仅有两顶，已知已经有两个人看到另一人头上戴红帽子。其中一个人就会推测：若自己也戴了红帽子，第三个人便可立即猜出自己头上戴的是黑色的帽子，但那个人并没有猜出来，由此可以推出自己戴的不是红帽子，而是黑帽子。

⊙ 几只羊 　分数应用题 　★★★★

《算法统宗》是中国古代数学著作之一，书中有这样一题：

甲牵着一只肥羊走过来问牧羊人："你赶的这群羊大概有100只吧？"牧羊人答："如果这群羊加上一倍，再加上原来这群羊的一半，又加上原来这群羊的 1/4，连你牵着的这只肥羊也算进去，才刚好凑满 100 只。"请你算算牧羊人赶的这群羊共有多少只。

答案：36

● **王子出题**　百分数应用题　★★★★★

从前有一位王子，有一天，他把几位妹妹召集起来，出了一道数学题考她们。王子说："我有金、银两个手饰箱，箱内分别装有若干件手饰。如果把金箱中 25％ 的手饰送给第一个算对这个题目的人，把银箱中 20％ 的手饰送给第二个算对这个题目的人，然后再从金箱中拿出 5 件送给第三个算对这个题目的人，再从银箱中拿出 4 件送给第四个算对这个题目的人，最后我金箱中剩下的比分掉的多 10 件手饰，银箱中剩下的与分掉的比是 2∶1。你们谁能算出我的金箱、银箱中原来各有多少件手饰？"

答案：各有 40、30 件手饰

● **采蘑菇**　比例问题　★★★★★

甲、乙、丙、丁四个小朋友走进森林采蘑菇。走出森林之前，各人数了数篮子里的蘑菇，四个人加起来总共有 72 只。甲采的蘑菇只有一半能吃。在往回走的路上，甲把有毒的蘑菇全都丢了；乙的篮子底坏了，漏下两只，被丙拾起来放在篮子里。这时，他们三个人的蘑菇数正好相等。丁在出森林的路上又采了一些，使篮子里的蘑菇增加了一倍。走出森林后，他们每人又各自数了数篮子里的蘑菇。这次，大家的数目都相等。

你算算看，他们准备往回走出森林时，各人篮子里有多少蘑菇？

答案： 32、18、14、8

⬤ 忙碌的鸽子　　行程问题　　★★★★

哥哥早晨步行去郊外野游。刚走 1 个小时，弟弟从电视中得知中午有雨，立即骑车给哥哥送伞。弟弟出门时，哥俩养的一只小鸽子同时飞出来。它飞到哥哥的头顶又立即掉头向弟弟飞去，飞到弟弟头顶又掉头向哥哥飞去，直到弟弟撵上哥哥。已知哥哥步行的速度是每小时 4 公里，弟弟骑车的速度是每小时 20 公里，鸽子的速度是每小时 100 公里。若鸽子掉头的时间不计，当弟弟撵上哥哥时，鸽子一共飞了多少公里？

答案： 25 公里